G. P. Merker / U. Kessen

Technische Verbrennung
Verbrennungsmotoren

Technische Verbrennung
Verbrennungsmotoren

Von Univ.-Prof. Dr.-Ing. habil. Günter P. Merker
und Dipl.-Ing. Uwe Kessen
Universität Hannover

Mit 118 Bildern

 Springer Fachmedien Wiesbaden GmbH 1999

Die Deutsche Bibliothek – CIP-Einheitsaufnahme

Merker, Günter P.:
Technische Verbrennung. Verbrennungsmotoren /
von Günter P. Merker; Uwe Kessen. –
Stuttgart ; Leipzig : Teubner, 1999

ISBN 978-3-519-06379-7   ISBN 978-3-663-14679-7 (eBook)
DOI 10.1007/978-3-663-14679-7

Gesamtherstellung: Präzis-Druck GmbH, Karlsruhe
Umschlaggestaltung: Peter Pfitz, Stuttgart

Vorwort

Das Buch entstand aus Vorlesungen, die der erstgenannte Autor seit dem Wintersemester 1994/95 regelmäßig im Fachbereich Maschinenbau der Universität Hannover für Studierende des Maschinenbaus und des Lehramts an berufsbildenen Schulen (LBS) mit einem Umfang von zwei Semesterwochenstunden hält. Schwerpunkt des Buches ist weniger die konstruktive Gestaltung von Verbrennungsmotoren als vielmehr die Verfahrenstheorie und die konsequente Anwendung der thermodynamischen und thermofluidmechanischen Grundlagen auf die Beschreibung der in einem Verbrennungmotor ablaufenden Prozesse. Im Vordergrund stehen deshalb mehr die den schnelllaufenden Fahrzeugmotoren und den langsam laufenden Großdieselmotoren gemeinsamen Grundlagen und weniger ihre konstruktiven Unterschiede.

Im vorliegenden Band "Verbrennungsmotoren" werden nach einer allgemeinen Einführung in Kapitel 1 und Kapitel 2 zunächst die Hauptbauteile des Hubkolbentriebwerks vorgestellt und anschließend in Kapitel 3 die Grundlagen der Triebwerksdynamik erläutert, wobei auf das Torsionsschwingungsverhalten der Kurbelwelle ausführlich eingegangen wird. In Kapitel 4 werden Kenngrößen und Kennwerte für unterschiedliche Motorentypen erläutert sowie das Kennfeld eines Motors beschrieben. Kapitel 5 ist der Motoren-Thermodynamik gewidmet, und Kapitel 6 beschreibt den Prozeß des Ladungswechsels für 4-Takt- und 2-Takt-Motoren. Kapitel 7 bringt eine kurze Einführung in die Grundlagen der Aufladung und Kapitel 8 einen Abriß der Geschichte des Verbrennungsmotors. Das Buch schließt mit einer Einführung in die Gasturbine, wobei die thermodynamischen Grundlagen erläutert werden, die Gasturbine mit dem Hubkolbenmotor verglichen und eine kurze Erläuterung zur konstruktiven Ausführung unterschiedlicher Gasturbinen gegeben wird. Die Grundlagen der Gemischbildung, Verbrennung, Schadstoffbildung und -reduzierung werden im Band "Motorische Verbrennung" behandelt.

Das Buch wendet sich an Studierende des Maschinenbaus und anderer technischer Fachrichtungen an Universitäten und Fachhochschulen. Es ist sowohl zum Selbststudium als auch zum Gebrauch neben den entsprechenden Vorlesungen geeignet.

Frau Brauer danken wir für die graphische Gestaltung aller Bilder und Diagramme und Frau Heise für die Ausführung der Schreibarbeiten. Herrn Dipl.-Ing. R. Golloch sind wir für die kritische Durchsicht des Manuskriptes sowie für Verbesserungsvorschläge zu Dank verpflichtet. Dem Teubner-Verlag danken wir für die stets gute Zusammenarbeit.

Hannover, im September 1998

Günter P. Merker
Uwe Kessen

Inhaltsverzeichnis

Formelzeichen und Abkürzungen

Formelzeichen

$\vec{F}_{+1}$	rechts drehender Vektor der 1. Ordnung
$\vec{F}_{+2}$	rechts drehender Vektor der 2. Ordnung
$\vec{F}_{-1}$	links drehender Vektor der 1. Ordnung
$\vec{F}_{-2}$	links drehender Vektor der 2.Ordnung
$\vec{M}_{+1}$	rechts drehender Momentenvektor der 1.Ordnung
$\vec{M}_{+2}$	rechts drehender Momentenvektor der 2.Ordnung
$\bar{T}_W$	mittlere Wandtemperatur
$\dot{m}_A$	Abgasmassenstrom
$\dot{m}_B$	Brennstoffmassenstrom
$\dot{m}_T$	Massenstrom durch Turbine
$\dot{m}_V$	Massenstrom durch Verdichter
$\dot{x}$	Kolbengeschindigkeit
$\ddot{x}$	Kolbenbeschleunigung
a	Temperaturleitfähigkeit $[m^2/s]$
A_K	Kolbenfläche
a_k	Abstand vom Kurbelwellenschwerpunkt (Abstandsvektor)
b_e	effektiver spezifischer Brennstoffverbrauch
b_i	indizierter spezifischer Kraftstoffverbrauch
B_b	Widerstandsmoment
c	Massenanteil Kohlenstoff im Brennstoff
C, C_1, C_2	Konstanten
c_m	mittlere Kolbengeschwindigkeit $[m/s]$
c_p	spezifische Wärmekapazität bei const. Druck $[kJ/kgK]$
c_v	spezifische Wärmekapazität bei const. Volumen $[kJ/kgK]$
D	Zylinderdurchmesser
E	Elastizität eines Motors
E	Wärmemenge $[kJ]$
E_K	kinetische Energie
E_P	potentielle Energie
$E_{B,ges}$	maximal freisetzbare Wärmemenge
F	Kraft $[N]$
F_G	Gaskraft
F_K	Kolbenkraft
F_P	Pleuelkraft
F_R	Radialkraft
F_T	Dreh-,Tangentialkraft
F_{01}	Massenkraft erster Ordnung
F_{02}	Massenkraft zweiter Ordnung
F_{KN}	Kolbennormalkraft
$F_{M,osz}$	oszillierende Massenkraft

$F_{M,rot}$	rotierende Massenkraft
$F_{T,G}$	Gasdrehkraft
$F_{T,M}$	Massendrehkraft
G	Schubmodul $[N/mm^2]$
h	Massenanteil Wasserstoff im Brennstoff
H_G	Gemischheizwert $[kJ/m^3]$
H_o	oberer Heizwert $[kJ/kg]$
H_u	unterer Heizwert $[kJ/kg]$
i	Arbeitsspiele pro Umdrehung
i	Laufzahl der Ordnung
I	Flächenträgheitsmoment $[mm^4]$
I_P	polares Flächenträgheitsmoment
J	Massenträgheitsmoment $[kg\,m^2]$
J_P	polares Massenträgheitsmoment
k	Laufzahl der Zylinder
k	Ordnung
k	Torsionssteifigkeit
l	charakteristische Länge
l_1	Schwerpunktabstand der Pleuelstange
l_2	Schwerpunktabstand der Pleuelstange
m	Formparameter
m	Masse
M	Drehmoment $[Nm]$
M_e	nutzbares Motormoment
M_n	Drehmoment im Nennpunkt
m_P	Pleuelmasse
m_B	Brennstoffmasse
M_b	Biegemoment
m_{GG}	Masse Gegengewicht
m_G	Gemischmasse
$m_{I,rot}$	Massenträgheitsmoment des Pleuels
m_{Kur}	Masse Kurbelkröpfung
m_K	Kolbenmasse incl. Bolzen und Ringe
m_L	Luftmasse
M_{max}	maximales Drehmoment
m_{osz}	oszillierende Masse des Ersatzsystems
$m_{P,osz}$	osz. Anteil der Pleuelmasse
$m_{P,rot}$	rot. Anteil der Pleuelmasse
m_{rot}	rotierende Masse des Ersatzsystems
$M_{T,s}$	Torsionsmoment
m_{th}	theoretisch mögliche Masse bei ES
m_z	Masse im Zylinder
n	Stoffmenge in $[kmol]$

n	Umdrehungen pro Zeit
n_n	Nenndrehzahl
n_v	Verdichterdrehzahl
n_{AG}	Stoffmenge Abgas
n_A	Arbeitsspiele pro Zeit
n_{Mmax}	Drehzahl des maximalen Drehmomentes
$n_{O_2}^{min}$	Mindeststoffmenge Sauerstoff bei stöchiometrischer Verbrennung
Nu	Nusselt-Zahl
o	Massenanteil Sauerstoff im Brennstoff
p	Druck $[N/m^2]$
$p(\varphi)$	Gasdruck
P_i	indizierte Leistung
p_m	Mitteldruck
P_r	Reibleistung
p_s	Spüldruck
P_T	Turbinenleistung
P_V	Verdichterleistung
P_e	effektive Leistung
$p_{m,e}$	effektiver Mitteldruck
$p_{m,i}$	indizierter Mitteldruck
$p_{m,r}$	Reibmitteldruck
Pr	Prandtl-Zahl
q_{ab}	auf die Masse des Arbeitsmediums bezogene abgeführte Wärme $[kJ/kg]$
q_{zu}	auf die Masse des Arbeitsmediums bezogene zugeführte Wärme $[kJ/kg]$
r	Exponent
r	Radius, Kurbelradius
R	Gaskonstante
r_{GG}	Radius Gegengewicht
r_{GG}	Schwerpunktradius
Re	Reynolds-Zahl
s	Kolbenhub
s	Massenanteil Schwefel im Brennstoff
s	spezifische Entropie
T	Temperatur $[K]$
T_G	Gastemperatur
U	innere Energie $[kJ]$
v	spezifische Volumen
V	Volumen, Brennraumvolumen
V_c	Kompressionsvolumen
V_G	Gemischvolumen

V_h	Hubvolumen eines Zylinders
V_H	Gesamthubvolumen
V_L	Luftvolumen
w	charakteristische Geschwindigkeit
W	Arbeit
W_i	indizierte Arbeit
W_T	Widerstandsmoment
x	Kolbenweg
y	dimensionsloser Ausdruck für Kurbelwinkel
z	Anzahl der Zylinder

Griechische Formelzeichen

α	Wärmeübergangskoeffizient $[W/m^2\,K]$
α_b	Biegeformzahl
α_T	Torsionsformzahl
δ	Molverhältnis
ϵ	Verdichtungsverhältnis
η	dynamische Viskosität $[Ns/m^2]$
η_e	effektiver Wirkungsgrad
η_i	innerer Wirkungsgrad
$\eta_{m,ATL}$	mechanischer Wirkungsgrad des ATL
$\eta_{m,T}$	mechanischer Wirkungsgrad der Turbine
$\eta_{m,V}$	mechanischer Wirkungsgrad des Verdichters
η_m	mechanischer Wirkungsgrad
$\eta_{s,R}$	isentrope Wirkungsgrad der regenerativen Gasturbine
$\eta_{s,T}$	isentroper Turbinenwirkungsgrad
$\eta_{s,V}$	isentroper Verdichterwirkungsgrad
η_s	isentrope Wirkungsgrad
$\eta_{th,c}$	thermischer Wirkungsgrad des Carnot-Prozeß
$\eta_{th,pv}$	thermischer Wirkungsgrad des Seiligerprozesses
$\eta_{th,p}$	thermischer Wirkungsgrad des Gleichdruckprozesses
$\eta_{th,v}$	thermischer Wirkungsgrad des Gleichraumprozesses
η_{th}	thermischer Wirkungsgrad
γ	Druckverhältnis
γ_{opt}	optimale Druckverhältnis
κ	Isentropenexponent
λ_a	Luftaufwand
Λ_a	volumetrischer Luftaufwand
λ_l	Liefergrad
λ_s	Pleuel- bzw. Schubstangenverhältnis
λ_s	Spülgrad
Λ_s	volumetrischer Spülgrad
ν	kinematische Viskosität $[m^2/s]$
ω	Eigenfrequenz $[1/s]$

ω	Winkelgeschwindigkeit $[1/s]$
π_T	Druckverhältnis Turbine
π_V	Druckverhältnis Verdichter
π_{eff}	effektive Druckverhältnis
ρ	Dichte $[kg/m^3]$
ρ_G	Gemischdichte
ρ_L	Luftdichte
ρ_{th}	theoretische Dichte
σ	mechanische Beanspruchung $[N/m^2]$
$\sigma_{b,w}$	Biegewechselfestigkeit
σ_b	Biegespannung
$\sigma_{T,s}$	Torsionsspannung
$\sigma_{V,Zul}$	zulässige Vergleichsspannung
σ_V	Vergleichsspannung
τ	Gesamt-Torsionspannung
φ	Kurbelwinkel $°KW$
φ_a	Winkelausschlag
ξ	Wärmeverhältnis

Abkürzungen

$°KW$	Grad Kurbelwinkel
As	Auslaßventil schließt
AT	Arbeitsturbine
ATL	Abgasturbolader
Aö	Auslaßventil öffnet
BK	Brennkammer
DS	Druckseite
EK	Entwicklungskosten
Es	Einlaßventil schließt
Eö	Einlaßventil öffnet
G	Getriebe
GDS	Gegendruckseite
HT	Hochdruckturbine
HV	Hochdruckverdichter
LLK	Ladeluftkühler
LWOT	Ladungswechsel-OT
NT	Niederdruckturbine
NV	Niederdruckverdichter
OT	oberer Totpunkt
SD	Schubdüse
UT	unterer Totpunkt
WT	Wärmetauscher
ZOT	Zünd-OT

1 Einführung

Im Brennraum des Verbrennungsmotors wird die im Brennstoff chemisch gebunde-
ne Energie durch Verbrennung in thermische Energie und diese anschließend durch
das Triebwerk in mechanische Energie umgewandelt. Der Verbrennungsmotor ist
damit eine bestimmte Ausführung einer Energiewandlungsmaschine. Wir wollen
im folgenden zunächst den Begriff Energiewandlung erläutern.

1.1 Energiewandlung

Bei der Einteilung der Energiewandlung kann zwischen allgemeiner, thermischer
und motorischer Energiewandlung unterschieden werden:

- **Allgemeine Energiewandlung:**

  Unter Energiewandlung versteht man prinzipiell die Umsetzung von Primär-
  energie durch eine Energiewandlungsanlage = E.W.A. in Sekundärenergie.

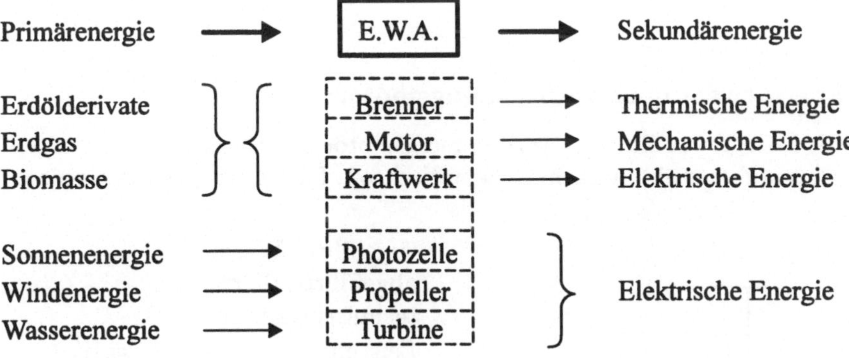

- **Thermische Energiewandlung:**

  Die thermische Energiewandlung unterliegt dem 2. Hauptsatz der Thermodynamik. Sie ist demnach verlustbehaftet, da ein rein reversibler Prozeß in der Praxis nicht umsetzbar ist.

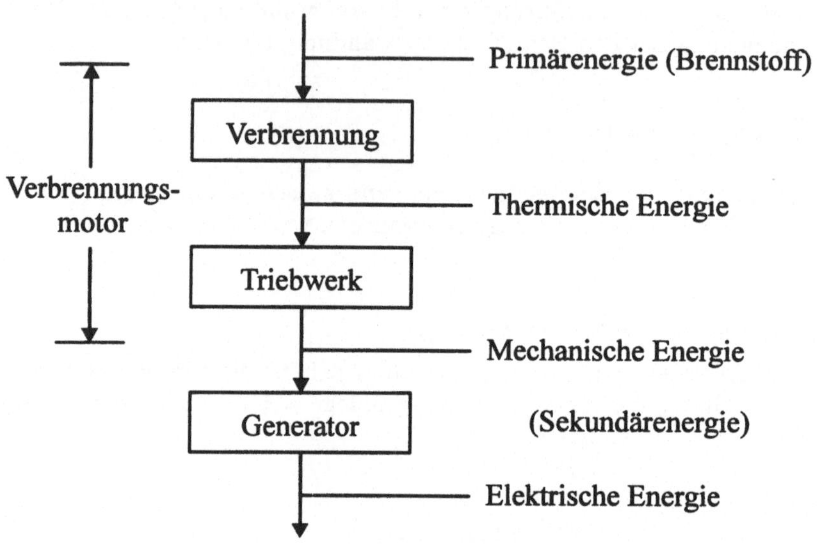

- **Energiewandlung Verbrennungsmotor:**

  Die Energiewandlung im Verbrennungsmotor unterliegt den Hauptsätzen der Thermodynamik und kann schematisch wie folgt durchgeführt werden:

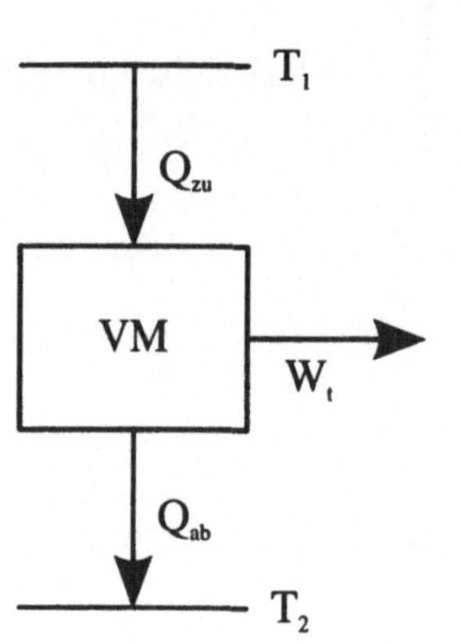

zugeführte Wärme: Q_{zu}
abgeführte Wärme: Q_{ab}
technische Arbeit: W_t
Leistung: $P_t = \dot{W}_t$

1. Hauptsatz der Thermodynamik:
$$W_t = Q_{zu} - Q_{ab}$$
2. Hauptsatz der Thermodynamik:
$$Q_{ab} > 0!$$
Thermischer Wirkungsgrad:

$$\eta_{th} = \frac{W_t}{Q_{zu}} = 1 - \frac{Q_{ab}}{Q_{zu}} \leq 1$$

1.2 Hubkolbenmotor

- **Triebwerk**

  Das Triebwerk setzt die oszillierende Bewegung des Kolbens in die rotierende Bewegung der Kurbelwelle um siehe Abb.1. Der Kolben kehrt seine Bewegung im oberen Totpunkt (OT) und im unteren Totpunkt (UT) um. In diesen beiden Totpunkten ist die Geschwindigkeit des Kolbens jeweils gleich Null, die Beschleunigung hat dort jedoch ein Maximum. Zwischen dem oberen Totpunkt und der Unterseite des Zylinderkopfes verbleibt das Kompressionsvolumen V_c (bei Hubkolbenverdichtern auch der sog. schädliche Raum).

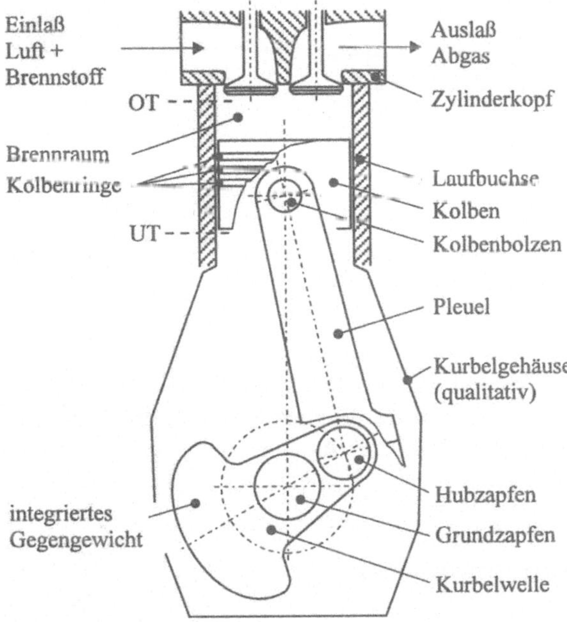

Abbildung 1: Triebwerk des Hubkolbenmotors

- **Arbeitsverfahren**

  Abb.2 zeigt qualitativ das p,V-Diagramm für das 4-Takt- und das 2-Takt-Verfahren mit folgendem Prozeßverlauf:
  Beim **4-Takt-Verfahren** ist das Arbeitsspiel durch den Ansaug-, den Verdichtungs-, den Arbeits- und den Ausschiebetakt gekennzeichnet.
  Das **2-Takt-Verfahren** umfaßt dagegen nur den Verdichtungs- und den Arbeitstakt.
  Während beim 4-Takt-Verfahren zwei Hübe für den Ladungswechsel, nämlich die Takte Ausschieben u. Ansaugen, zur Verfügung stehen, erfolgt dieser

beim 2-Takt-Verfahren im UT-Bereich des Kolbens. Dieser Vorgang wird beim 2-Takt-Verfahren auch als Spülung bzw. als Spülvorgang bezeichnet.

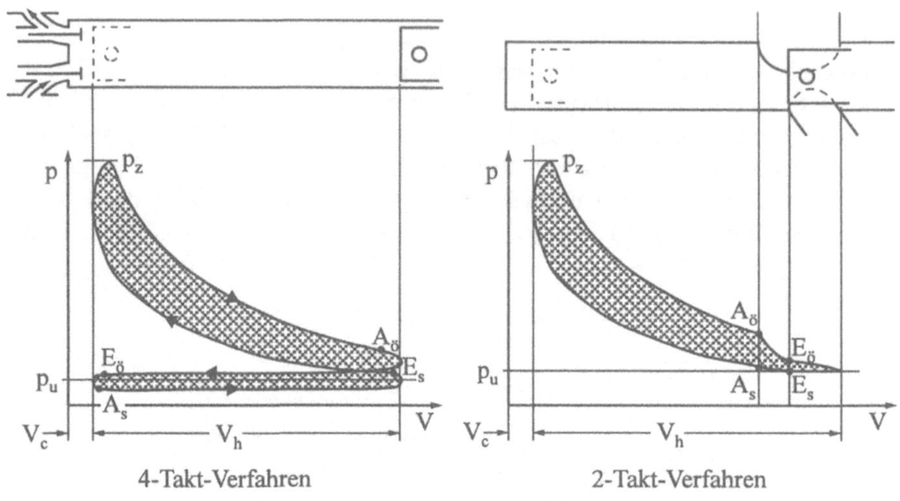

Abbildung 2: Arbeitsverfahren des Hubkolbenmotors

- **Bauformen**

  Abb.3 zeigt Prinzipskizzen möglicher Bauformen des Hubkolbenmotors, wobei heute praktisch nur noch die Varianten 1, 2 und 4 zum Einsatz kommen. Für eine ausführliche Beschreibung verschiedener Bauformen sei auf [1] verwiesen.

1.3   Verbrennungsmotoren

Der Verbrennungsmotor hat seit seiner Erfindung vor über hundert Jahren einen unglaublichen Siegeszug angetreten. Er ist mit Abstand die erfolgreichste und am weitest verbreitete Energiewandlungsmaschine. Ohne ihn wäre die moderne Industriegesellschaft nicht denkbar. Bei der Ausführung unterscheidet man nach ihren jeweiligen Erfindern zwischen Otto- und Dieselmotoren. Daneben sind noch einige wenige Sondermotoren bekannt geworden.

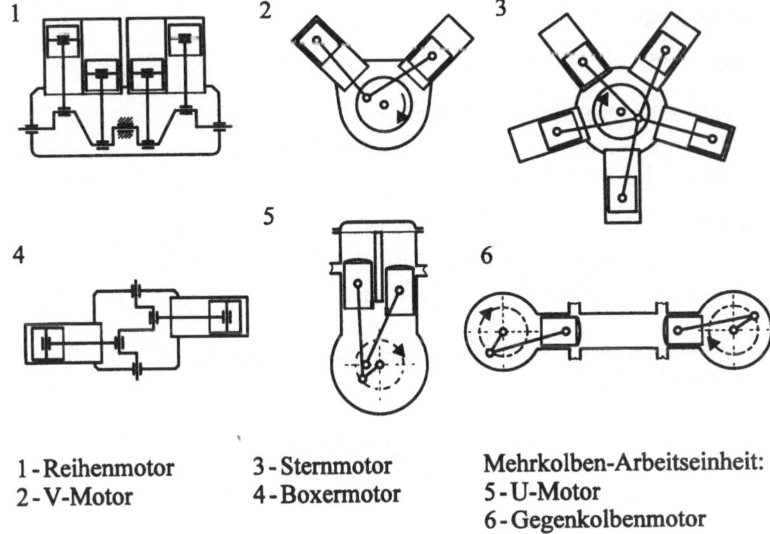

1 - Reihenmotor   3 - Sternmotor   Mehrkolben-Arbeitseinheit:
2 - V-Motor   4 - Boxermotor   5 - U-Motor
                                             6 - Gegenkolbenmotor

Abbildung 3: Bauformen des Hubkolbenmotors

1.3.1 Otto- und Dieselmotor

- **Funktionsweise des Ottomotors**

  - Ein Gemisch aus Luft und Brennstoff wird verdichtet.

  - Die Zündung wird mittels einer Zündkerze, also durch Fremdzündung des Gemisches, eingeleitet.

  - Die Regelung des Motors übernimmt bei herkömmlichen Ottomotoren eine Drosselklappe. Diese Art der Regelung wird als Quantitätsregelung (Menge des Gemisches) bezeichnet. Neuste Entwicklungen gehen in Richtung variable Ventilsteuerung und Direkteinspritztechnik (GDI).

- **Funktionsweise des Dieselmotors**

  - Ausschließlich Luft wird angesaugt und verdichtet.

  - Der Brennstoff (Dieselkraftstoff) wird kurz vor dem oberen Totpunkt in die durch die Verdichtung aufgeheizte Luft mit Hilfe eines Einspritzsystems eingespritzt.

  - Aufgrund des hohen Verdichtungsverhältnisses ist die Temperatur der verdichteten Luft höher als die Selbstzündtemperatur des Kraftstoffes. Im Gegensatz zum Ottomotor setzt deshalb eine Selbstzündung des Brennstoffes ein.

  - Die Regelung erfolgt über die Menge des eingespritzten Brennstoffes und wird auch als Mischungs- oder Qualitätsregelung bezeichnet.

- **Ausführungen**

  - Die einfachsten Ausführungen stellen Saugmotoren dar.

  - Aufwendigere Motoren besitzen zur Leistungskonzentration dagegen ein Aufladesystem. Hier kommen entweder mechanische Lader oder Abgasturbolader zum Einsatz.

  - Pkw-, Lkw- und Großmotoren werden meistens als wassergekühlte Motoren ausgeführt. Kleinere Motoren z. B. für kleine Zweiräder, Motorsägen oder kleine Stationäranlagen werden luftgekühlt.

Zusammenfassend zeigt Abb.4 ein Schema bzw. eine Einteilung der heute gebräuchlichen Motortypen.

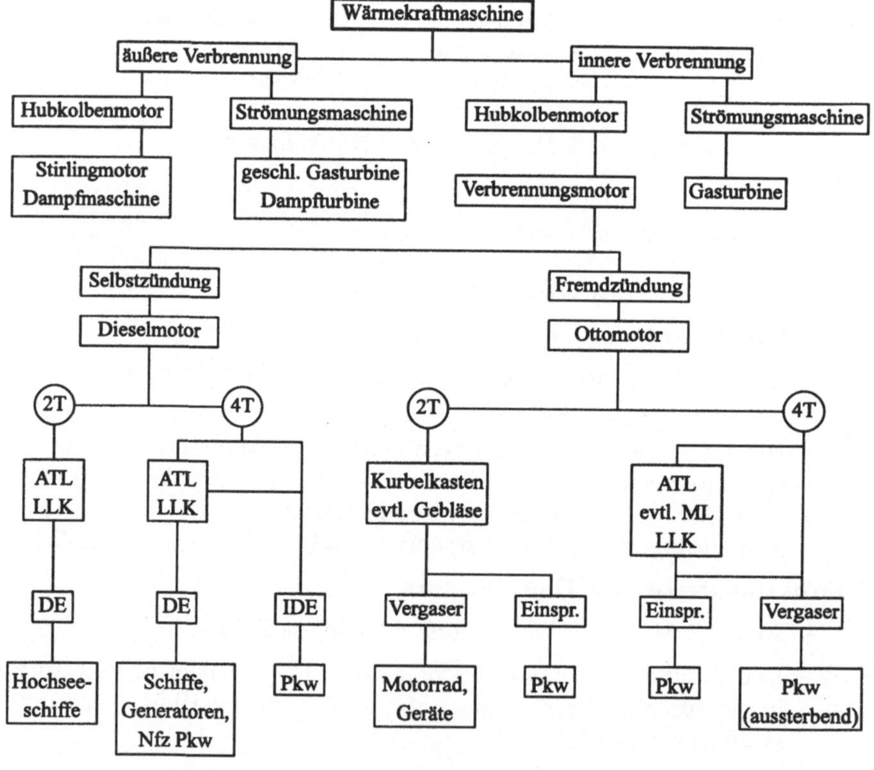

Abbildung 4: Schema der heute gebräuchlichen Motortypen

1.3.2   Kreiskolben- und Stirlingmotor

In diesem Kapitel werden zwei Sonderbauarten des Verbrennungsmotors, nämlich
der Kreiskolben- oder auch Wankelmotor und der Stirlingmotor vorgestellt.

• Kreiskolbenmotor

Der Kreiskolbenmotor wurde von Felix Wankel erfunden, bei NSU entwickelt und
1960 erstmals der Öffentlichkeit vorgestellt. Er wurde serienmäßig als Antriebs-
aggregat im NSU Ro 80 und später im Mazda MX5 verwendet. Abb.5 zeigt ein
Schnittmodell des Zwei-Scheiben-Kreiskolbenmotors des Ro 80. Im Unterschied
zum Hubkolbenmotor führt der Kreiskolben eine rein rotierende Bewegung aus.
Dadurch entstehen folgende Vorteile für das Triebwerk:

- Das Triebwerk besitzt keine oszillierenden Triebwerksmassen.

- Die rotierenden Massen sind durch Gegengewichte leicht ausgleichbar.

  Es existieren keine Ventile, damit ist auch keine Nockenwelle für den Ventiltrieb notwendig. Jedoch ist die Abdichtung zwischen den einzelnen Kammern
  problematisch.

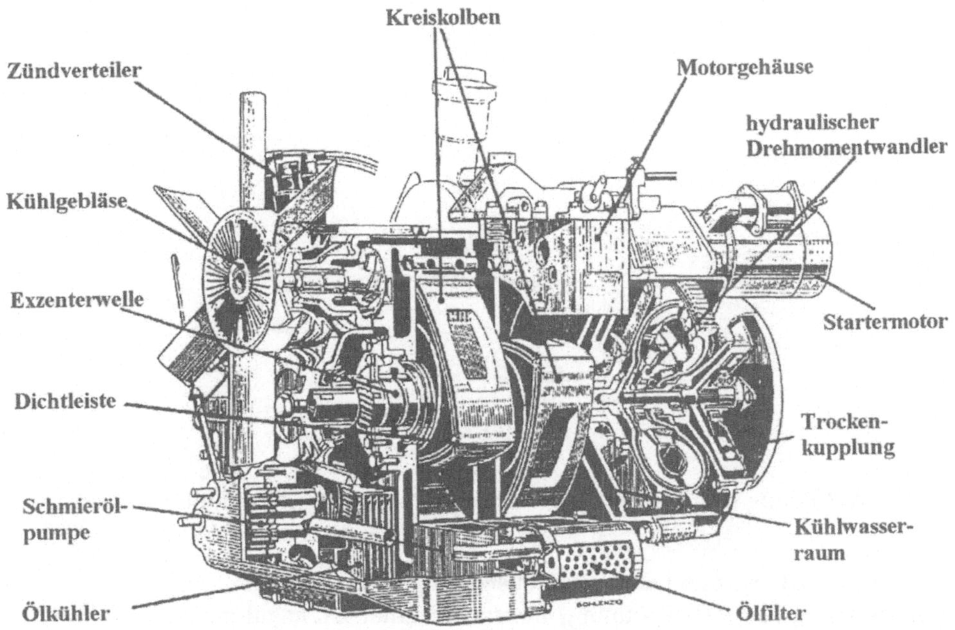

Abbildung 5: Schnittmodell des Zwei-Scheiben-Kreiskolbenmotor des Ro 80 von
NSU

Das Arbeitsverfahren der Kreiskolbenmaschine entspricht dem Viertaktverfahren des Hubkolbenmotors und läuft um jeweils 120° Kurbelwinkel (oder 360° Exzenterwinkel) versetzt in allen drei Kammern ab. Auf jede volle Umdrehung des Kolbens, d.h. auf drei Umdrehungen der Exzenterwelle, kommen somit drei vollständige Arbeitsspiele, also ein Arbeitsspiel pro Umdrehung der Exzenterwelle.

Durch die typische Kreiskolbenform entsteht bei Drehung der Kolben eine sogenannte Epizykloide als vorgegebene Brennraumbegrenzung mit drei ausgezeichneten Volumina (Brennkammern). Abb.6 zeigt eine Gegenüberstellung, wodurch die Analogie der Verfahrensabschnitte des Hub- und des Kreiskolbenmotors deutlich wird. Im OT-Bereich entstehen zwei Sicheln als Brennraum, jeweils voraus- und

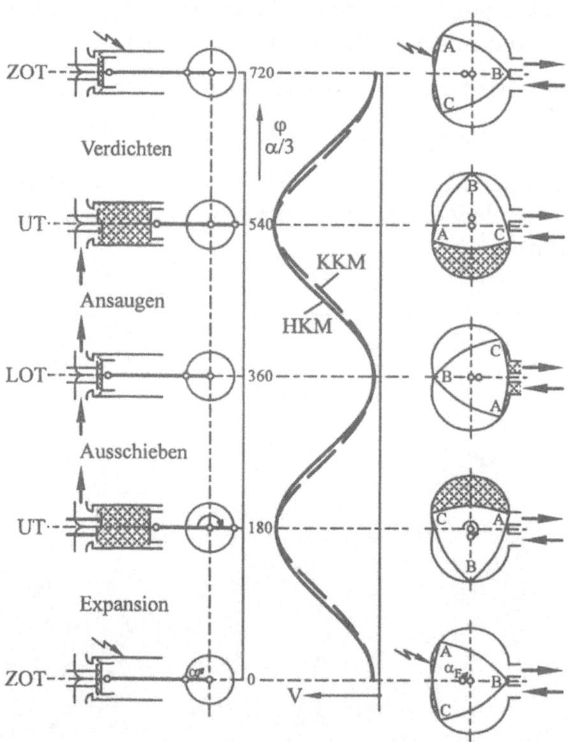

Abbildung 6: Arbeitsverfahren des Hub- und des Kreiskolbenmotors

nacheilend. Die vorauseilende vergrößert sich, die nacheilende verkleinert sich. Die Gasströmung (Quetschströmung) besitzt bei einer Drehzahl von $n = 6000 \, min^{-1}$ eine Geschwindigkeit von 70 $\frac{m}{s}$. Zusätzlich beträgt die Flammgeschwindigkeit etwa 30 $\frac{m}{s}$. In Drehrichtung läuft damit eine Flammenfront mit ca. 100 $\frac{m}{s}$. Dadurch brennt das Gemisch schnell durch, es tritt eine geringe Klopfneigung auf. Wegen des großen Oberflächen/Volumen-Verhältnisses ist die CH-Emission etwa doppelt so hoch wie beim Hubkolbenmotor, die NO_x-Emission ist dagegen deutlich geringer. Als Ursachen sind eine niedrigere Verbrennungstemperatur und innere Abgasrückführungseffekte durch undichte Dichtleisten zu nennen. Auf weitere Details soll im Rahmen dieser Abhandlung nicht eingegangen werden.

- **Stirlingmotor**

Der Stirlingmotor geht auf den im Jahre 1816 von Robert Stirling zum Patent angemeldeten Heißluftmotor zurück. Im folgenden wird eine kurze Darstellung dieses Motors gegeben.
In Abb.7 ist der ideale Kreisprozeß des Stirlingmotors im p,v- und im T,s-Diagramm dargestellt.

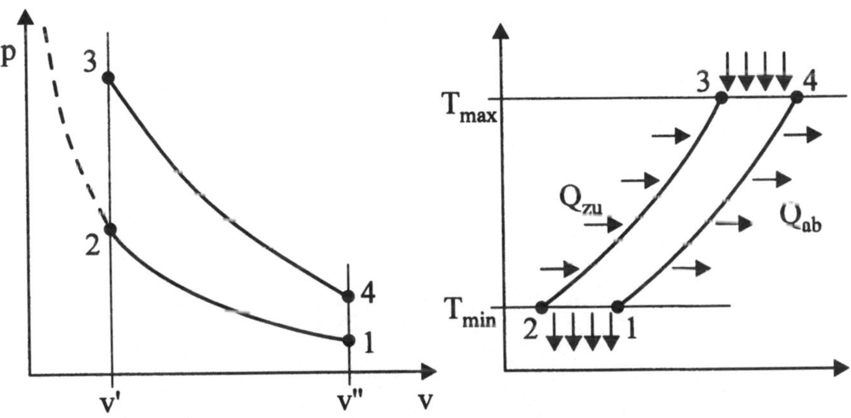

Abbildung 7: Stirlingprozeß im p, v- und T, s-Diagramm

In den einzelnen Prozeßschritten werden folgende Wärmemengen übertragen:

$$1 \rightarrow 2 : \text{isotherme Verdichtung} \qquad Q_{12} = R\,T_{min}\,ln\frac{v''}{v'}$$

$$2 \rightarrow 3 : \text{isochore Wärmezufuhr} \qquad Q_{23} = c_v\,(T_{max} - T_{min})$$

$$3 \rightarrow 4 : \text{isotherme Expansion} \qquad Q_{34} = R\,T_{max}\,ln\frac{v''}{v'}$$

$$4 \rightarrow 1 : \text{isochore Wärmeabfuhr} \qquad Q_{41} = -c_v\,(T_{max} - T_{min})$$

Damit erhält man für den thermischen Wirkungsgrad des Stirlingprozesses:

$$\eta_{th} = \frac{Q_{34} - Q_{12}}{Q_{34}} = 1 - \frac{Q_{12}}{Q_{34}} = 1 - \frac{R\,T_{min}\,ln\frac{v''}{v'}}{R\,T_{max}\,ln\frac{v''}{v'}}$$

$$\boxed{\eta_{th} = 1 - \frac{T_{min}}{T_{max}} = \eta_C\;!}$$

Der Stirlingprozeß hat somit einen gleich hohen Wirkungsgrad wie der Carnot-Prozeß (siehe Kap. 5.1.1). Dies ist letztlich der Grund, warum immer wieder versucht wird, den Stirlingmotor zu realisieren.

Die isochore Wärmezufuhr von $2 \rightarrow 3$ und die isochore Wärmeabfuhr von $4 \rightarrow 1$ erfolgen dabei über einen Regenerator (Speicher-Wärmetauscher). Dieser Regenerator ist damit das entscheidende aber auch problematischste Bauteil des Stirlingmotors. In Abb.8 ist der Querschnitt eines Stirlingmotors dargestellt. Anhand dieser Darstellung läßt sich der hohe konstruktive und fertigungstechnisch intensive Aufwand der Stirlingmaschine erahnen. Die gegenläufige Bewegung des Verdrängers und des Kolbens wird dabei durch ein aufwendiges Rhombengetriebe realisiert. Auf weitere Details kann hier nicht eingegangen werden.

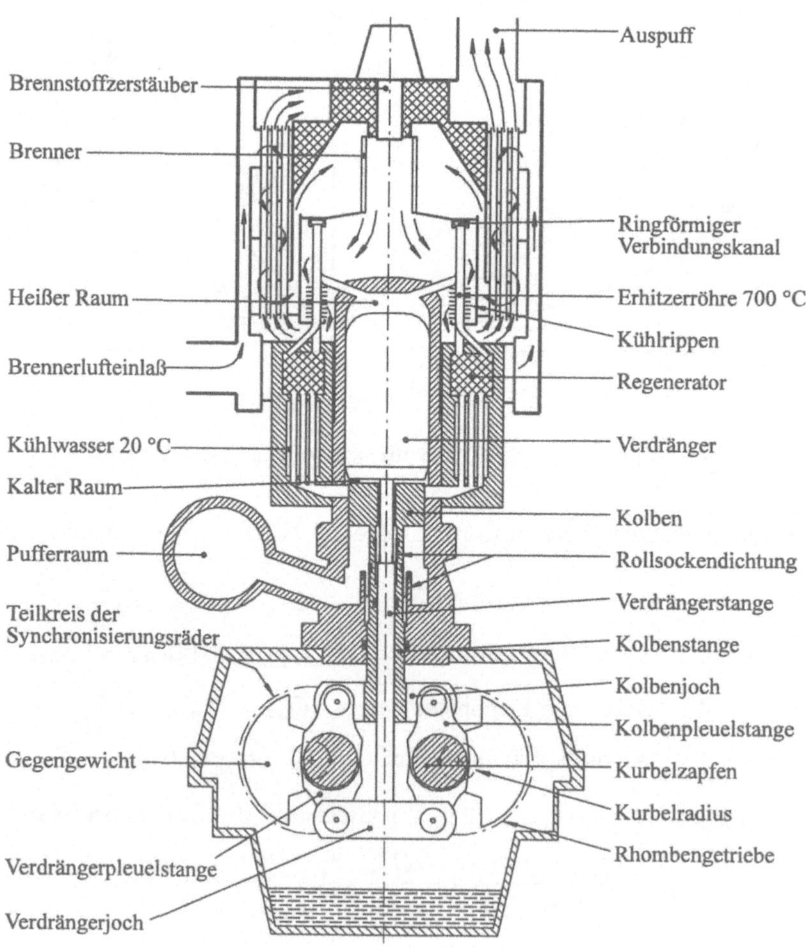

Abbildung 8: Querschnitt des Stirlingmotors

2 Hauptbauteile des Triebwerks

Wir wollen im folgenden die wesentlichen Bauteile des Hubkolbentriebwerkes kurz vorstellen. Für eine ausführliche Beschreibung der konstruktiven Details und der Berechnung dieser Bauteile muß auf die angegebene Fachliteratur verwiesen werden.

2.1 Kurbelwelle

Durch die exzentrische Anordnung des Kurbelzapfens auf der Wange der Kurbelwelle wird die oszillierende Bewegung des Kolbens über die Pleuelstange in eine Drehbewegung der Kurbelwelle übertragen. Am Kupplungsflansch des Motors wird die Wellenleistung abgenommen. Die Bezeichnung der einzelnen Bauteile der Kurbelwelle ist in Abb.9 angegeben. Die Kurbelwelle von Mehrzylindermotoren

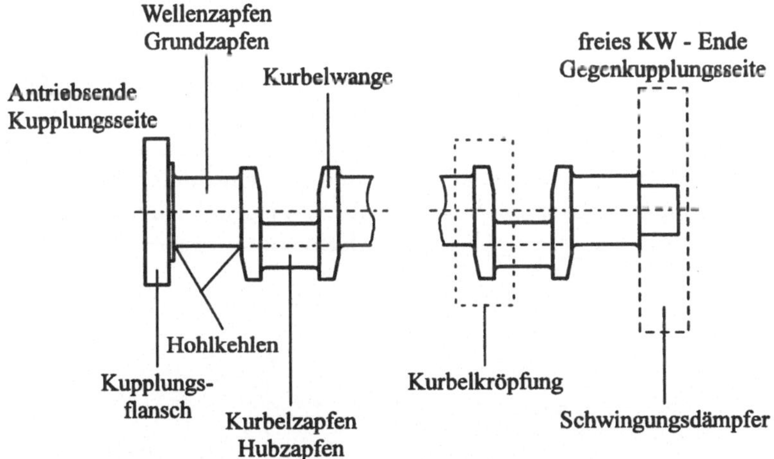

Abbildung 9: Bezeichnungen der Bauteile der Kurbelwelle

entsteht durch Aneinanderreihung der Kurbelkröpfungen der einzelnen Zylinder, wobei die Faustregel gilt:

$$\text{Lagerung nach } \binom{\text{jeder}}{\text{jeder 2ten}} \text{ Kurbelkröpfung für } \binom{\text{hoch-}}{\text{nieder-}} \text{ belastete Motoren.}$$

Bei V-Motoren sind häufig zwei Pleuel nebeneinander auf einer Kurbelkröpfung angeordnet, deshalb ist der Hubzapfen bei V-Motoren breiter als der Grundzapfen. Die Kröpfungsfolge (Phasenfolge) wird unter Beachtung einer gleichmäßigen Zündfolge, eines günstigen Massenausgleichs (siehe Kap. 3.3) und geringer resultierender Torsionsschwingungen (siehe Kap. 3.4) festgelegt. Der notwendige Zylinderabstand resultiert bei R-Motoren durch die Dimensionierung der Laufbuchse und des notwendigen Kühlwasserraums und bei V-Motoren durch die Anforderungen an die Kurbelwelle. Abb.10 zeigt die Kurbelwelle eines 4-Zylinder Pkw-Motors. Wäh-

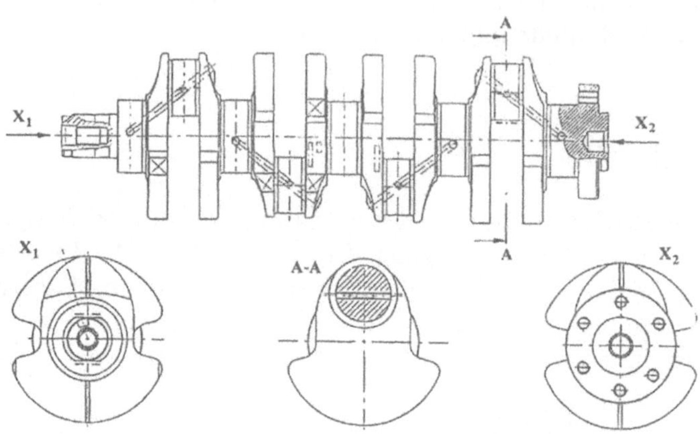

Abbildung 10: Sphäroguß- oder Stahlkurbelwelle eines 4-Zylinder-Pkw-Motors

rend früher gesenkgeschmiedete Stahlkurbelwellen aus 41Cr4, 42CrMo4 oder 34Cr-NiMo6 verwendet wurden, kommen heute aus Kostengründen (niedrige Rohteil-, Modell- und Zerspanungskosten) überwiegend Sphärogußkurbelwellen aus GGG 60 oder GGG 70 mit angegossenen Gegengewichten zum Einsatz. Abb.11 zeigt die ge-

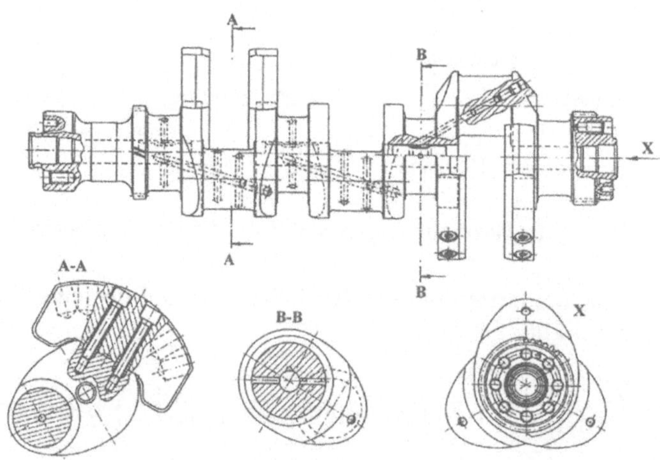

Abbildung 11: Stahlkurbelwelle eines 6-Zylinder-Nutzfahrzeug-Motors

senkgeschmiedete Stahlkurbelwelle eines Sechszylinder-Nutzfahrzeug-Motors mit angeschraubten Gegengewichten. Die Gegengewichte sind dabei so dimensioniert, daß sie bei ausreichender Fliehkraftbeanspruchung mit Rücksicht auf die Torsionseigenfrequenzen ein möglichst geringes Massenträgheitsmoment aufweisen, d.h. einen möglichst kleinen Schwerpunktradius haben. Deshalb sind angeschraubte Gegengewichte vorteilhafter als angegossene, weil sie etwas breiter ausgeführt werden können.

Die Ölbohrungen für die Schmierölversorgung des Kurbellagers (großes Pleuellager) sind so anzuordnen, daß keine weiteren Spannungserhöhungen in den ohnehin schon hochbeanspruchten Hohlkehlen auftreten. Die Mündungen der Ölbohrungen werden gerundet und ggf. auch poliert. In den Hohlkehlen wird durch Rollen, Nitrieren oder Härten (Oberflächenverfestigung) eine Druckeigenspannung erzeugt, die durch die im Betrieb auftretende Biegebeanspruchung erst abgebaut wird, bevor Zugspannungen entstehen. Für eine erste Abschätzung sollte der Radius der Hohlkehlen etwa 6 Prozent des Kurbelzapfendurchmessers betragen, d.h. bei einem Kurbelzapfendurchmesser von 50 mm beträgt der Hohlkehlenradius 3 mm. Die Kurbelwangen werden zweckmäßigerweise oval gestaltet und so breit dimensioniert, daß genügend Widerstandsmoment gegen Biegung vorhanden ist.

In der Kurbelwelle werden durch die Gas- und Massenkräfte Biege- und Torsionsbeanspruchungen hervorgerufen. Durch die im Betrieb auftretenden Schwingungen der Kurbelwelle werden zusätzliche Biege- und Torsionsspannungen hervorgerufen. Man unterscheidet deshalb zwischen kontinuierlich schwellender und dynamischer Belastung , wobei die durch die Tangentialkraft $F_T(\varphi)$ hervorgerufenen Torsionsbeanspruchungen meist klein im Vergleich zu den durch die Torsionsschwingungen hervorgerufenen Torsionswechselspannungen sind.

Die durch die Gas- und Massenkräfte verursachte Biegebeanspruchung führt abwechselnd zu Druck- und Zugbeanspruchungen in den Hohlkehlen, die eine Biegewechselspannung zur Folge haben (siehe Abb.12). Zusätzliche Biegewechselspannungen können in den Hohlkehlen der Kurbel- und Lagerzapfen der Kurbelkröpfung am Antriebsende durch das infolge der Verformung der Kurbelwelle auftretende Flattern des Schwungrades entstehen.

Kurbelwellen sind mehrfach gelagerte, damit statisch unbestimmte Systeme und schwierig zu berechnen. Bei den Berechungsverfahren unterscheidet man zwischen:

- den Berechnungsvorschriften der Klassifikationsgesellschaften (z.B. des Germanischen Lloyd) für Kurbelwellen in Schiffsmotoren,

- einfachen Näherungsrechnungen und

- der 3D-strukturmechanischen Kurbelwellen-Simulation.

Im folgenden wird die prinzipielle Vorgehensweise bei der näherungsweisen Berechnung erläutert. Ergebnisse der strukturdynamischen Simulation werden in Kap. 3.4.5 vorgestellt.

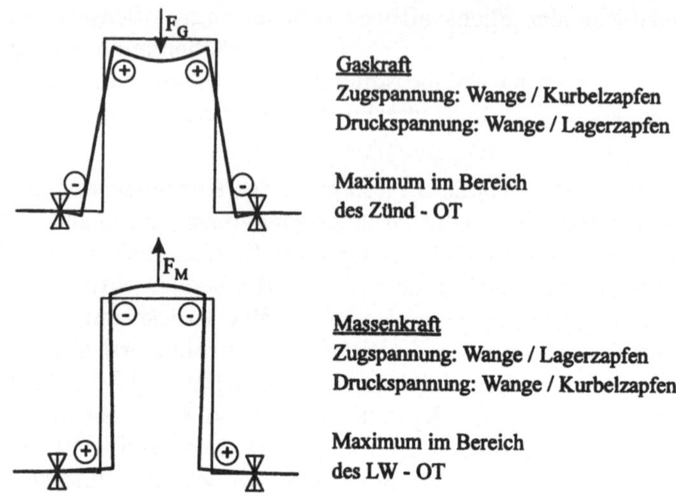

Abbildung 12: Biegewechselspannungen in den Hohlkehlen der Kurbelwelle

Wir betrachten die in der Skizze dargestellte Kurbelwellenkröpfung und erhalten folgende Biege- und Torsionsspannungen:

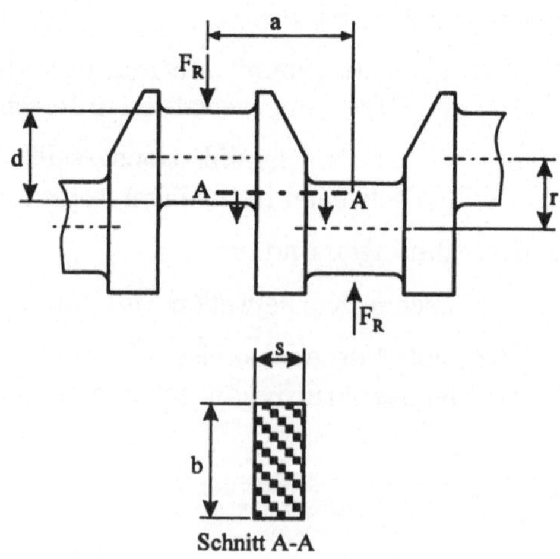

Biegung: Biegemoment $M_b = F_R \cdot a$

Widerstandsmoment $W_b = \dfrac{b\,s^2}{6}$

Biegespannung $\sigma_b = \dfrac{M_b}{W_b} = \dfrac{6\,a}{b\,s^2}\,F_R$

Torsion, schwellend: Torsionsmoment $M_{T,s} = F_T \cdot r$

Widerstandsmoment $W_T = \dfrac{\pi}{16}\,d^3$

Torsionsspannung $\sigma_{T,s} = \dfrac{M_T}{W_T} = \dfrac{16\,r}{\pi\,d^3}\,F_T$

Torsion, dynamisch: Torsionsmoment $M_{T,d} = k_{i,i+1}\,(\varphi_i - \varphi_{i+1})$

Widerstandsmoment $\sigma_{T,d} = \dfrac{M_{T,d}}{W_T}$

Torsion, gesamt: Gesamt-Torsionspannung $\tau = \sigma_{T,s} + \sigma_{T,d}$

Die Spannungen in den Hohlkehlen werden aus diesen Grundspannungen durch
Einführung von experimentell oder theoretisch bestimmten Biege- und Torsions-
formzahlen α_b und α_T ermittelt. Damit erhält man für die Biege- und Torsionsspannung in den Hohlkehlen

$$\sigma_H = \alpha_b\,\sigma_b,$$

$$\tau_H = \alpha_T\,\tau.$$

Die Formzahlen α_b und α_T sind von der Geometrie der Kurbelwelle abhängig. Die
Biege- und Torsionsspannungen werden z.B. mit der Gestaltsänderungsarbeitshy-
pothese zu der Vergleichsspannung

$$\sigma_V = \sqrt{(\alpha_b\,\sigma_b)^2 + 3(\alpha_T\,\tau)^2}$$

zusammengefaßt.

Mit dem Sicherheitsfaktor α_{Zul} (z.B. $\alpha_{Zul} = 0.5$) und der Biegewechselfestigkeit
$\sigma_{b,w}$ des Werkstoffs erhält man für die zulässige Vergleichsspannung

$$\sigma_{V,Zul} \leq \alpha_{Zul} \cdot \sigma_{b,W}.$$

Mit diesem konventionellen Näherungsverfahren wird die Kurbelwelle in der Regel
etwas überdimensioniert.

2.2 Kolben

Herkömmliche Kolben bestehen aus dem Kolbenschaft, der auch als Kolbenhemd bezeichnet wird, und dem Kolbenboden (der sogenannten Kolbenkrone). Der Kolben überträgt die auf ihn wirkenden Gas- und Massenkräfte über das Pleuel auf die Kurbelwelle. Der Kolbenbolzen verbindet dabei den Kolben mit dem Pleuel. Die Abdichtung zwischen dem Kolben und der Zylinderlaufbuchse erfolgt durch Kolbenringe, die unterhalb des Feuersteges in Ringnuten gelagert sind. Für einen geregelten Ölhaushalt sorgt ein Ölabstreifring. Abb.13 zeigt die Hauptabmessungen eines Kolbens.

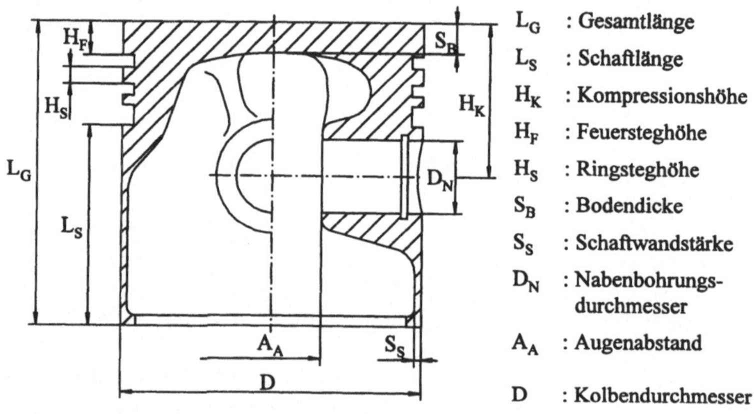

Abbildung 13: Hauptabmessungen des Kolbens

Bei den Schaftformen, siehe Abb.14, wird zwischen Vollschaftkolben, Kastenkolben und Fensterkolben unterschieden. Darüber hinaus existieren Sonderformen, auf die hier aber nicht näher eingegangen werden kann.

Die Gestaltung eines Kolbens muß sich an den Betriebsbedingungen des Motors orientieren. So bedingt die ungleichmäßige thermische Ausdehnung infolge der inhomogenen Massenverteilung besonders im Bereich des Bolzenauges, daß die Lauffläche des Kolbens im kalten Zustand eine ballig-ovale Form haben muß. Dadurch kann der Kolben dann mit ansteigender Temperatur zunehmend eine zylindrische Form annehmen. Man unterscheidet heute im wesentlichen zwischen Einmetall-Vollschaftkolben, Regelkolben und gebauten Kolben.

Der Einmetall-Vollschaftkolben stellt die einfachste Bauform eines Kolbens dar. Dieser ist aus einem Stück und ohne Einbauten gefertigt. Die Kühlung erfolgt einerseits durch Spritzöl aus dem Kurbelgehäuse und andererseits durch Wärmeabfuhr über die Kolbenringe an die Laufbuchse.

Beim Regelkolben handelt es sich um einen Leichtmetallkolben mit eingegossenen Stahleinlagen (Regelstreifen), wodurch die Ausdehnung senkrecht zur Kolbenachse

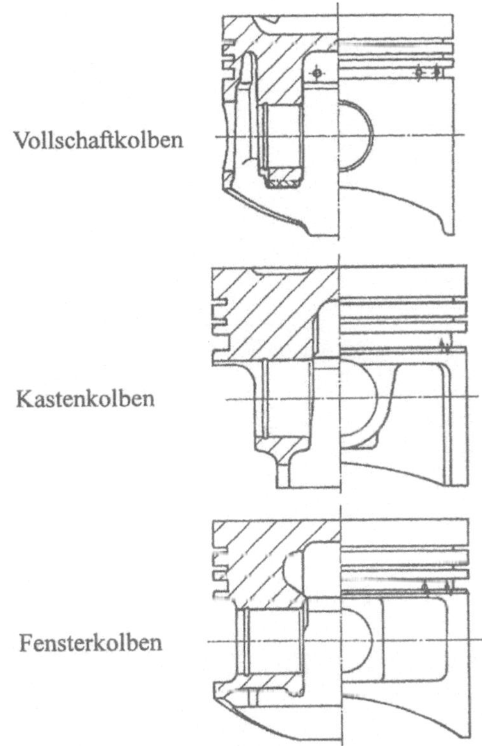

Abbildung 14: Schaftformen

weitgehend verhindert wird. In Abb.15 sind die heute verwendeten Regelkolben,
nämlich der Autothermik- und Duothermkolben für Ottomotoren und der Au-
tothermatikkolben, der sowohl für Otto- als auch für Dieselmotoren verwendet
wird, abgebildet. Der Autothermatik-, auch Schlitzmantelkolben genannt, und der
Duothermkolben können aufgrund der Abkopplung des Kolbenbodens vom Kolbenhemd nicht im Dieselmotor verwendet werden, da diese Konstruktionen nicht
steif genug sind, die höheren Druckbelastungen im Dieselmotor mit ausreichender
Sicherheit zu ertragen.

Gebaute Kolben sind zweigeteilt, wobei der Kolbenboden aus legiertem Stahl oder
legiertem Grauguß und der Kolbenschaft aus Leichtmetall hergestellt werden. So
kann einerseits eine hohe Festigkeit der Kolbenkrone erreicht und andererseits ein
geringes Kolbengewicht realisiert werden. Häufig besitzen die Kolbenkronen Kanä-
le oder Kammern für eine direkte Kühlung des Kolbenbodens mit Öl. Gebaute Kolben werden ausschließlich für Hochleistungsdieselmotoren verwendet, siehe dazu
Abb.16. Da besonders bei aufgeladenen Dieselmotoren, also Hochleistungsdieselmotoren, eine Kolbenkühlung über Spritzöl aus dem Kurbeltrieb und der Wär-

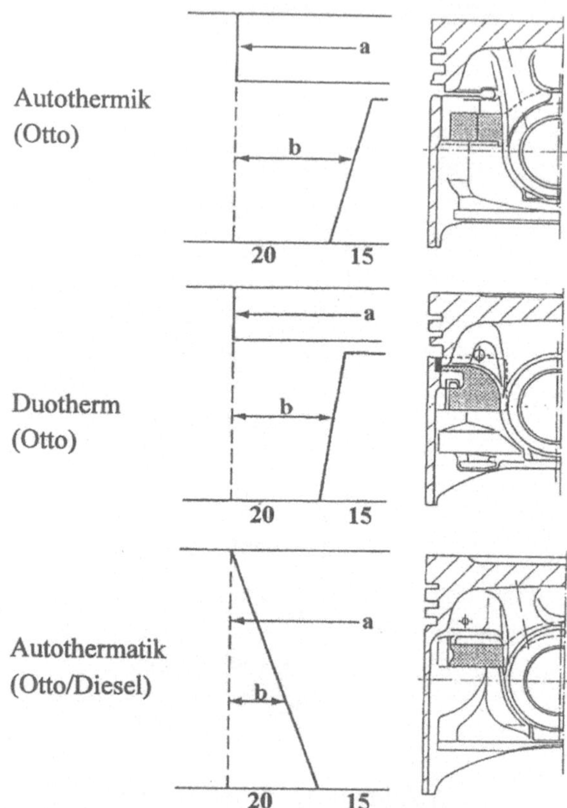

a - Grundausdehnung Kolbenwerkstoff
b - Veränderung durch Streifeneffekt

Abbildung 15: Regelkolben

meabfuhr über die Kolbenringe nicht ausreicht, wurden unterschiedliche Techniken der Kolbenkühlung entwickelt. Verschiedene Möglichkeiten der Kolbenkühlung sind in Abb.17 dargestellt. Die Wärmeabfuhr aus dem Brennraum erfolgt zu etwa

- 40-70% über die Kolbenringe,

- 20-50% durch Kolbenkühlung und

- 10% durch den Gaswechsel.

Mit den unterschiedlichen Kühlsystemen können mehr oder weniger hohe Absenkungen der höchsten Temperaturen im Kolben erreicht werden und zwar etwa

- 8-15 K mittels Spritzdüse am Pleuelfuß,

- 10-30 K mittels Spritzdüse am Gehäuse und

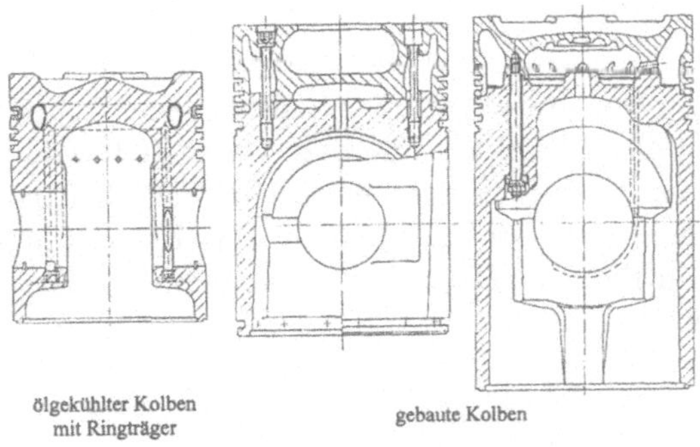

Abbildung 16: Kolben für Dieselmotoren

- 30-60 K durch einen Kühlkanal im Kolben.

Die Temperaturen am und im Kolben sind grundsätzlich Last- und Drehzahlabhängig. In der obersten Ringnut steigt die Temperatur um etwa 2 bis 4 K pro $100\ min^{-1}$ und etwa 10 K pro 1 bar Mitteldruckerhöhung an. Beim direkt einspritzenden Dieselmotor treten die höchsten Temperaturen am Rand der Kolbenmulde und beim Ottomotor in der Mitte des Kolbenbodens auf. Das Temperaturniveau an den heißesten Stellen des Kolbens ist beim Dieselmotor höher als beim Ottomotor.

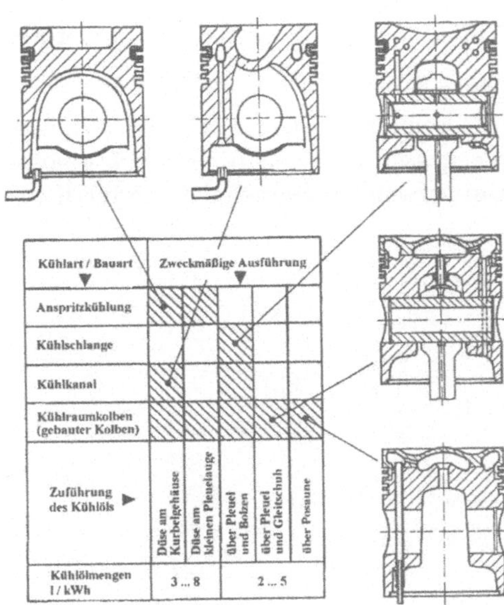

Abbildung 17: Möglichkeiten der Kolbenkühlung

2.3 Pleuel

In Abb.18 sind ein gerade- und ein schräggeteiltes Pleuel für Reihenmotoren dargestellt. Das schräggeteilte Pleuel wird deshalb verwendet, weil nach Abnahme des
Pleuellagerdeckels der Kolben zusammen mit dem Pleuel nach oben ausgebaut
(gezogen) werden kann. Bei Großmotoren wir das Pleuel doppelt geteilt, einmal
wie üblich am großen Pleuellager und ein zweites Mal unmittelbar unterhalb des
kleinen Pleuellagers.

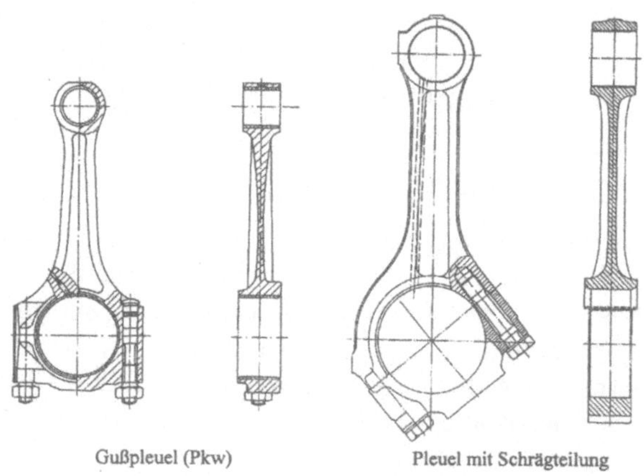

Abbildung 18: Pleuel für Reihenmotoren

Die Pleuel werden im Gesenk geschmiedet (Cr, Mo, Ni, V-Vergütungsstähle), im
Temperguß-Verfahren gegossen oder neuerdings auch gesintert. Für Rennmotoren
werden Pleuel aus Titan verwendet. Diese haben dadurch ein sehr gringes Gewicht
bei hoher Festigkeit.

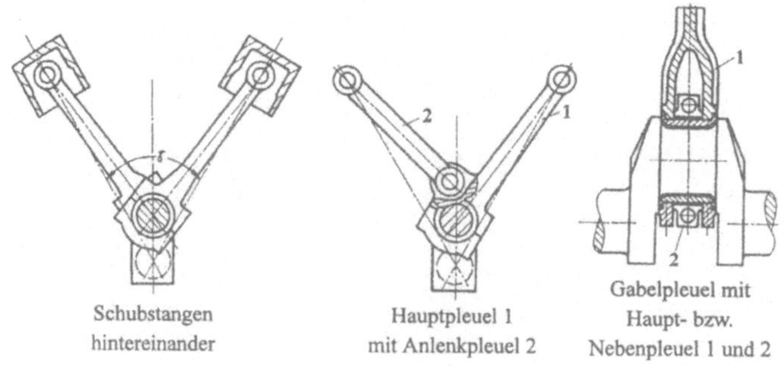

Abbildung 19: Pleuel für V-Motoren

Die in Abb.19 dargestellten Pleuel werden in V-Motoren eingesetzt. Werden zwei Pleuel auf dem gleichen Hubzapfen nebeneinander angebracht, so müssen die Zylinder auf der gegenüberliegenden Seite um den Pleuelabstand versetzt werden (Standardausführung für Hochleistungsmotoren). Daneben werden auch sogenannte Gabel- und Anlenkpleuel verwendet, die diesen Versatz nicht benötigen.

2.4 Laufbuchse

Laufbuchsen sind auf unterschiedliche Weisen im Motorblock eingebaut und übernehmen die Führung des Kolbens. So wird entsprechend der Einbauart der Laufbuchsen bei wassergekühlten Motoren zwischen integrierter, trockener und nasser Laufbuchse unterschieden, siehe Abb.20. Die integrierte Zylinderlaufbuchse wird für Otto- und kleine, niedrigbelastete Dieselmotoren verwendet. Die trockene Zylinderlaufbuchse wird dagegen für kleine und mittelgroße Fahrzeugmotoren verwendet. Die nasse Zylinderlaufbuchse wird in größeren Groß-Dieselmotoren eingesetzt. Eine Sonderform stellt hier die halbnasse Laufbuchse dar. Sie ist im unteren Bereich entsprechend einer trockenen und im oberen, deutlich heißeren Bereich wie eine nasse Laufbuchse ausgebildet. Diese Laufbuchsenform kommt jedoch nur noch selten zur Anwendung.

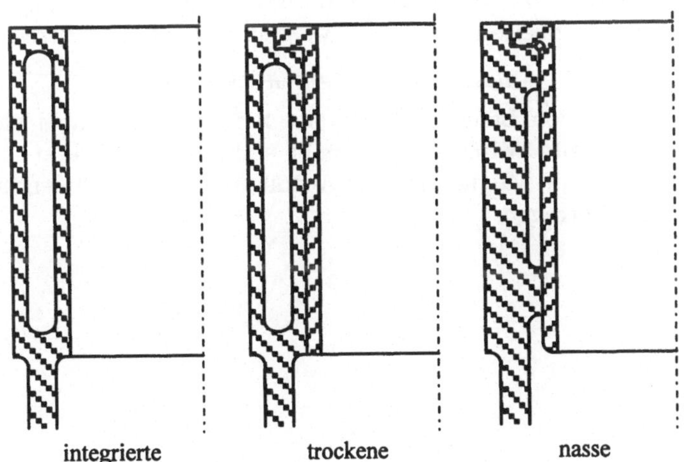

Abbildung 20: Bauformen von Zylinderlaufbuchsen

Diese unterschiedlichen Ausführungen haben folgende Vor- und Nachteile:

- **Integrierte Laufbuchse**

Vorteil: wirtschaftlich, kompakt, steife Konstruktion

Nachteil: Kompromiß in der Werkstoffwahl im Hinblick auf Herstellungsverfahren, Kosten und tribologische Eigenschaften notwendig, spezielle Reparaturlösung erforderlich

- **Trockene Laufbuchse**

Vorteil: Wie integrierte Laufbuchse, zusätzlich freie Werkstoffwahl sowie reparaturfreundliche Ausführung

Nachteil: hohe Fertigungskosten und schlechter Wärmeübergang

- **Nasse Zylinderlaufbuchsen**

Vorteil: wie integrierte und trockene Laufbuchse

Nachteil: Die Abdichtung gegen Brennraum und gegen Kühlwasser ist aufwendig, Problem der Kavitationserrosion (Lochfraß) durch hochfrequente Druckschwingungen im Wassermantel.

- **Luftgekühlte Laufbuchse**

Bei luftgekühlten Motoren ist der Wärmeübergangskoeffizient auf der Luftseite etwa um den Faktor 30 geringer als bei wassergekühlten. Dieser Nachteil muß durch die Anbringung von Kühlrippen (Motorrad!), also durch eine Vergrößerung der Fläche auf der Luftseite kompensiert werden, wobei die Faustregel

$$A_{Rippen} \cdot \alpha_{Luft} \approx A_{Glatt} \cdot \alpha_{Wasser}$$

gilt. Das Verhältnis von Länge zu Dicke der Rippen sollte dabei kleiner als 10 sein, und die Spaltweite zwischen den Rippen sollte im Hinblick auf Gießtechnik, Verschmutzung und die Möglichkeit der Ausbildung einer turbulenten Strömung mindestens 2 mm betragen.

3 Triebwerksdynamik

3.1 Kinematik des Kurbeltriebes

Für die Berechnung der Kurbelbewegung führt man zweckmäßigerweise die in Abb.21 eingezeichneten Größen ein. Damit ergibt sich für den Kolbenweg

$$x = r + l - y - z$$

Mit

$$y^2 = l^2 - h^2, \quad h = r \sin\varphi, \quad z = r \cos\varphi$$

folgt daraus nach einfacher Umformung zunächst

$$x = r + l - r\cos\varphi - \sqrt{l^2 - r^2\sin^2\varphi}$$
$$x = r(1 - \cos\varphi) + l - l\sqrt{1 - (\tfrac{r}{l})^2 \sin^2\varphi}$$

und daraus mit $\lambda_s = r/l$ schließlich die Beziehung für den Kolbenweg

$$\boxed{x = r(1 - \cos\varphi) + l(1 - \sqrt{1 - \lambda_s^2 \sin^2\varphi})} \tag{1}$$

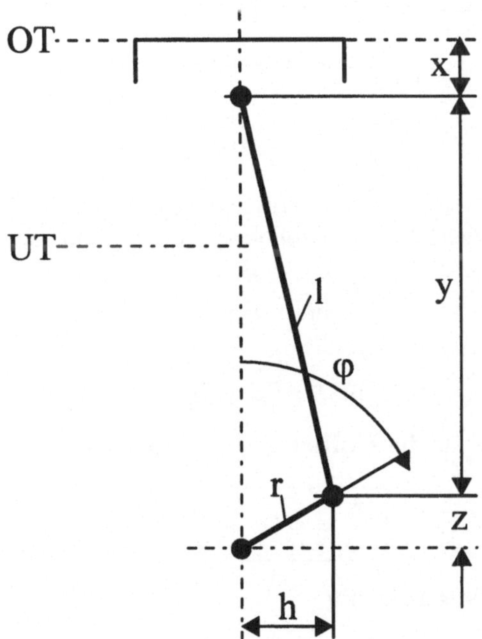

Abbildung 21: Kinematik des Kurbeltriebs

Für kleine λ_s kann der Ausdruck unter der Wurzel entsprechend

$$\sqrt{1-a} = 1 - \frac{a}{2} - \frac{a^2}{8} - \dots$$

in eine Taylor-Reihe

$$\sqrt{1 - \lambda_s^2 \sin^2 \varphi} = 1 - \frac{\lambda_s^2}{2}\sin^2\varphi - \frac{\lambda_s^4}{8}\sin^4\varphi - \dots$$

entwickelt werden, wobei der dritte Term auf der rechten Seite für $\lambda = 0,25$ bereits kleiner als 0,00048(!) wird und damit generell vernachlässigt werden kann. Damit ergibt sich zunächst

$$\frac{x}{r} = 1 - \cos\varphi + \frac{\lambda_s}{2}\sin^2\varphi$$

und daraus mit der trigonometrischen Beziehung

$$\sin^2\varphi = \frac{1}{2}(1 - \cos 2\varphi)$$

schließlich für den **Kolbenweg**

$$\boxed{\frac{x}{r} = 1 - \cos\varphi + \frac{\lambda_s}{4}(1 - \cos 2\varphi).} \tag{2}$$

Wird die Ableitung nach dem Kurbelwinkel φ mit ' bezeichnet, so folgen für die Kolbengeschwindigkeit und Kolbenbeschleunigung

$$\frac{1}{r}\frac{dx}{d\varphi} = \frac{x'}{r} = \sin\varphi + \frac{\lambda_s}{2}\sin 2\varphi,$$

$$\frac{1}{r}\frac{d^2x}{d\varphi^2} = \frac{x''}{r} = \cos\varphi + \lambda_s \cos 2\varphi.$$

Mit dem Zusammenhang $\varphi = \omega t$ zwischen dem Kurbelwinkel φ und der Zeit t erhält man für eine gleichmäßige Drehbewegung der Kurbelwelle

$$\dot{x} = \frac{dx}{dt} = \frac{dx}{d\varphi}\frac{d\varphi}{dt} = x'\omega,$$

$$\ddot{x} = \frac{d^2x}{dt^2} = \frac{d^2x}{d\varphi^2}\left(\frac{d\varphi}{dt}\right)^2 = x''\omega,$$

und damit schließlich für die **Kolbengeschwindigkeit**

$$\boxed{\frac{\dot{x}}{r\omega} = \sin\varphi + \frac{\lambda_s}{2}sin 2\varphi} \tag{3}$$

und die **Kolbenbeschleunigung**

$$\boxed{\frac{\ddot{x}}{r\omega^2} = \cos\varphi + \lambda_s \cos 2\varphi} \tag{4}$$

In Abb.22 sind der Kolbenweg, die Kolbengeschwindigkeit und die Kolbenbeschleunigung in Abhängigkeit des Kurbelwinkels φ aufgetragen, wobei die exakten Ausdrücke angegeben sind, d. h. die Taylor-Reihen-Entwicklung wurde nicht verwendet. Für $\lambda_s > 0,25$ treten im Bereich $90^\circ < \varphi < 270^\circ$ zwei Maxima der Beschleunigung auf, für $\lambda_s < 0,25$ nur ein Maximum.

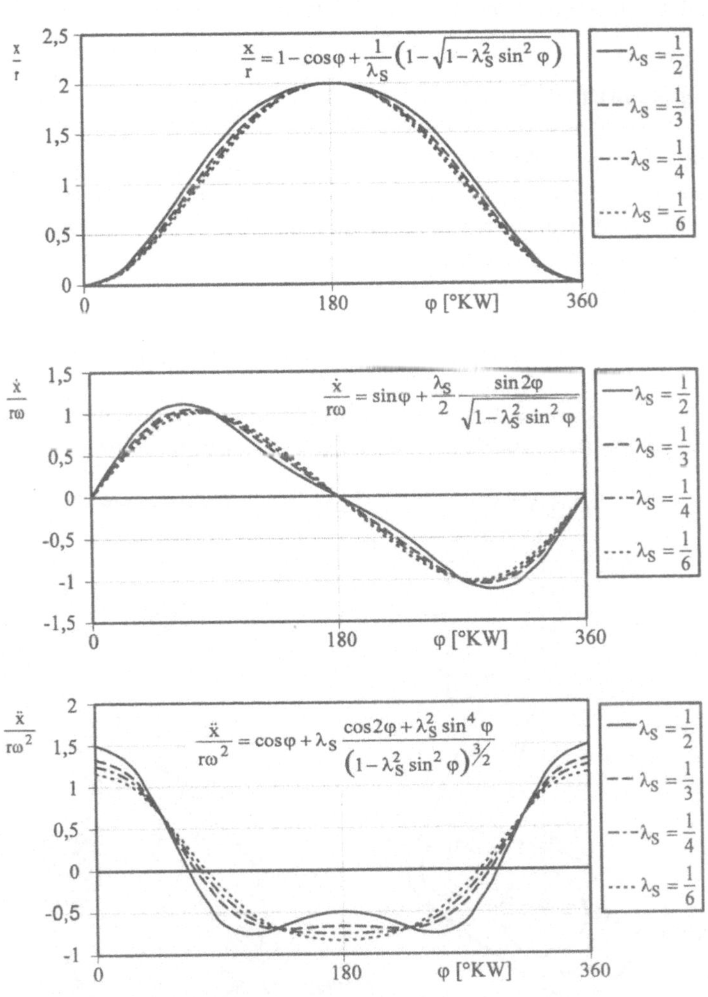

Abbildung 22: Kinematik des Kolbens

3.2 Massen und Kräfte am Kurbeltrieb

Das Triebwerk wird durch die auf den Kolben wirkende Gaskraft infolge des Gasdrucks $p(\varphi)$ im Brennraum angetrieben.

Durch die bewegten Massen des Triebwerks entstehen zusätzlich zeitlich veränderliche Massenkräfte, die zu oszillierenden und rotierenden Unwuchten führen. Diese müssen mindestens teilweise ausgeglichen werden, um die geforderte Laufruhe (Laufkultur) des Triebwerks zu gewährleisten.

3.2.1 Massenaufteilung

Massenkräfte (Trägheitskräfte) entstehen durch die ungleichförmige Bewegung der Bauteile des Triebwerks, wobei wir letztendlich nur zwischen rotierenden und oszillierenden Massenkräften unterscheiden werden. Die einzelnen Bauteile des Triebwerkes führen folgende Bewegungsformen aus:

Kurbelzapfen: rotierend,
Kolben: oszillierend,
Pleuel: rotierend und oszillierend.

Für die Erfassung dieser Massenkräfte, insbesondere für die Aufteilung der Masse des Pleuels verwenden wir das in Abb.23 dargestellte Ersatzsystem. Wir teilen

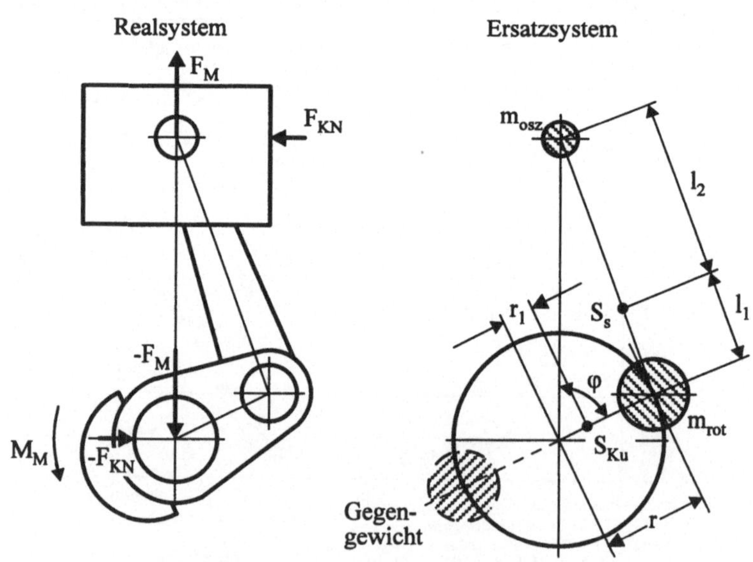

Abbildung 23: Massenkräfte

die Masse des Pleuels in einen rotierenden und einen oszillierenden Teil auf. Hinsichtlich des Realsystems hat das Ersatzsystem die folgenden drei Beziehungen zu erfüllen:

Pleuelmasse:
$$m_P = m_{P,rot} + m_{P,osz}$$

Schwerpunktlage:
$$m_{P,rot} \cdot l_1 = m_{P,osz} \cdot l_2$$

Massenträgheitsmoment:
$$J_P = m_{P,rot} \cdot l_1^2 + m_{P,osz} \cdot l_2^2$$

Weil wir nur zwei Unbekannte, nämlich $m_{P,rot}$ und $m_{P,osz}$ haben, ist dieses System mit drei Gleichungen überbestimmt, wir können nur zwei Gleichungen streng erfüllen. Aus diesem Grund wird die dritte Gleichung, die die Konstanz des Massenträgheitsmoments fordert, vernachlässigt. Der resultierende Fehler ist für die gegebene Anwendung gering. Damit erhält man für die Massen des Ersatzsystems:

$$m_{osz} = m_{P,osz} + m_K$$
$$m_{rot} = m_{P,rot} + m_{Kur}$$

3.2.2 Massenkräfte

Die rotierende Massenkraft

$$\boxed{F_{M,rot} = m_{rot}\, r\, \omega^2} \tag{5}$$

ruft eine in der Kurbelwellenachse angreifende und mit der Kurbelwellendrehzahl rotierende Unwucht hervor.

Durch Betrachtung der kinematischen Verhältnisse des Kurbeltriebs erhält man für die **oszillierende Massenkraft**.

$$\boxed{F_{M,osz} = m_{osz}\, r\, \omega^2 \left(\cos\varphi + \lambda_s \cos 2\varphi\right)}. \tag{6}$$

Diese Massenkraft besteht aus zwei Anteilen, wobei der erste mit der einfachen und der zweite mit der doppelten Kurbelwellendrehzahl rotiert. Es wird deshalb eine Unterscheidung in Massenkräfte erster und zweiter Ordnung durchgeführt.

$$\boxed{F_{M,osz} = F_{01} \cdot \cos\varphi + F_{02} \cdot \cos 2\varphi} \tag{7}$$

mit

$$F_{01} = m_{osz} \cdot r \cdot \omega^2 \qquad \rightarrow \quad \text{Massenkraft 1.Ordnung}$$
$$F_{02} = m_{osz} \cdot r \cdot \omega^2 \lambda_s \qquad \rightarrow \quad \text{Massenkraft 2.Ordnung}$$

Die oszillierende Massenkraft 2.Ordnung ist um das Pleuelverhältnis λ_s kleiner als die 1.Ordnung,

$$\boxed{F_{02} = \lambda_s \cdot F_{01}}$$

Die Massenkräfte sind proportional zu ω^2 und damit drehzahlabhängig. Sowohl
die beiden Komponenten der Massenkraft, als auch ihre Summe sind in Abb.24
qualitativ dargestellt. Weil die oszillierenden Massenkräfte harmonisch sind und

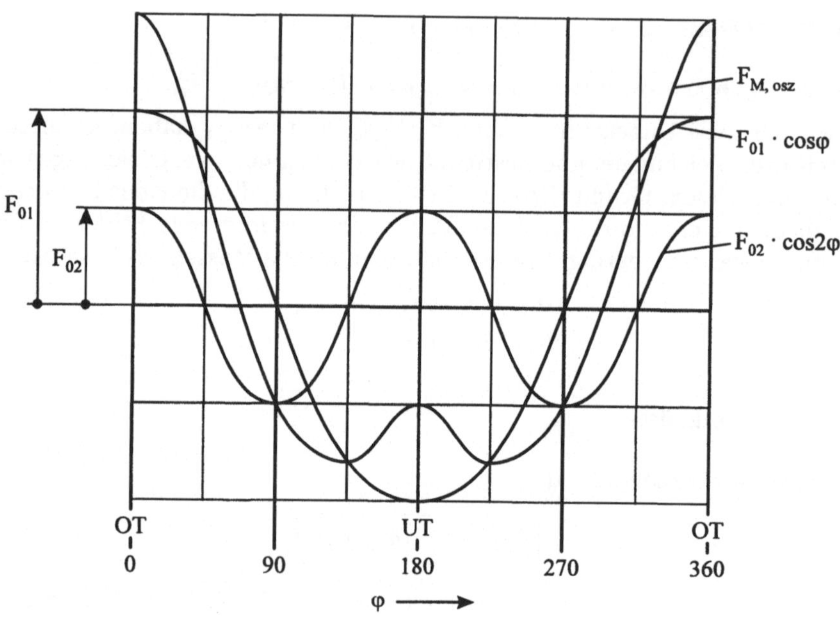

Abbildung 24: Oszillierende Massenkräfte

nur **in Richtung der Zylinderachse** wirken, können sie durch **zwei gegenläufig
rotierende Kraftvektoren** dargestellt werden, mit

$$\vec{F}_{+1}, \vec{F}_{-1} \quad \text{für die 1. Ordnung,}$$
$$\text{und}$$
$$\vec{F}_{+2}, \vec{F}_{-2} \quad \text{für die 2. Ordnung,}$$

wobei für die Beträge dieser Vektoren gilt:

$$F_{+1} = F_{-1} = \frac{1}{2} F_{01} = \frac{1}{2} m_{osz} r \omega^2,$$
$$F_{+2} = F_{-2} = \frac{1}{2} F_{02} = \frac{1}{2} \lambda_s m_{osz} r \omega^2.$$

Durch das gegenläufige Rotieren der Kraftvektoren wird erreicht, daß sich die
Kräfte in horizontaler Richtung ausgleichen und in Richtung der Zylinderachse zur
oszillierenden Massenkraft addieren. Die Vorstellung zweier gegenläufig rotierender
Kraftvektoren ist in Abb.25 verdeutlicht.

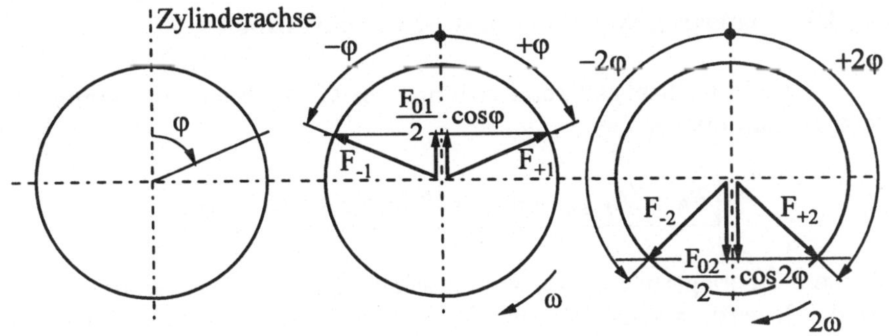

Abbildung 25: Rotierende Kraftvektoren 1. und 2. Ordnung

3.2.3 Gaskraft

Mit der Kolbenfläche A_K erhält man für die auf den Kolben wirkende Gaskraft

$$\boxed{F_G = p(\varphi) \cdot A_K} \tag{8}$$

Der Gasdruck $p(\varphi)$ kann durch Indizierung am Motor oder mit Hilfe der Prozeßrechnung bestimmt werden. Entnimmt man den Verlauf von $p(\varphi)$ z.B. dem in der Abb.2 gezeigten p,V-Diagramm für einen 4-Takt-Motor, so erhält man den in Abb.26 dargestellten Gasdruckverlauf $p(\varphi)$.

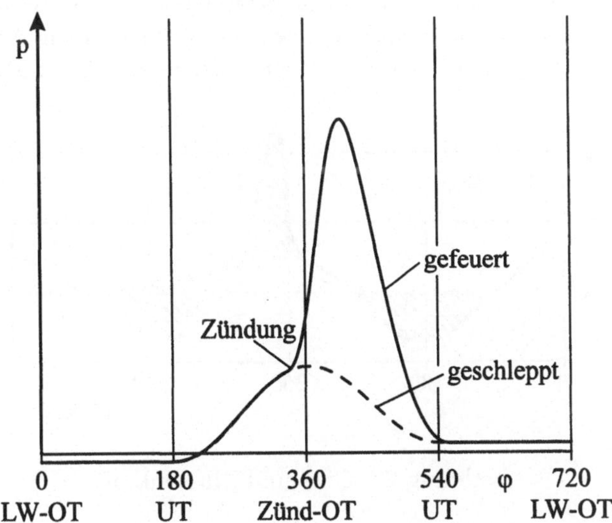

Abbildung 26: Gasdruckverlauf

3.2.4 Überlagerung von Gas- und Massenkräften

Die resultierende Kolbenkraft setzt sich aus der Gaskraft und der oszillierenden
Massenkraft zusammen,

$$\boxed{F_K = A_K\,p_\varphi + m_{osz}\,r\,\omega^2\,(\cos\varphi + \lambda\,\cos 2\varphi)}\,. \tag{9}$$

Durch diese Überlagerung treten abwechselnd Zug- und Druckkräfte im Pleuel
auf. Dadurch wird, wie die folgende Skizze verdeutlicht, ein Anlagewechsel des
Kolbens verursacht. Die durch die Gaskraft verursachte Spitzenbelastung wird

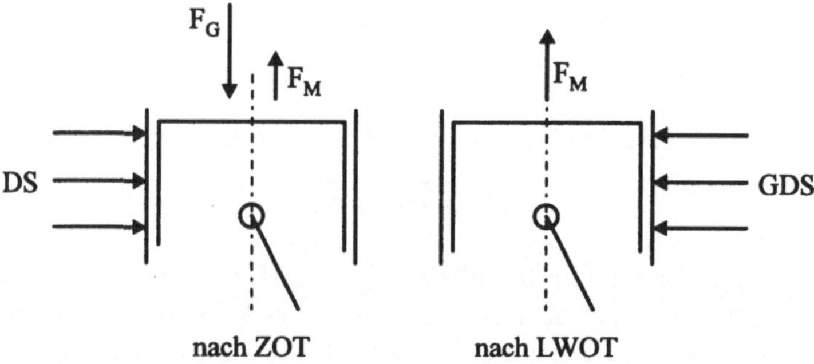

mit steigender Drehzahl durch die mit ω^2 ansteigende Massenkraft abgebaut. In
Abb.27 sind die Gas- und Massenkraft, sowie die Kolbenkraft in Abhängigkeit des
Kurbelwinkels für einen 4-Takt-Motor dargestellt. Beim 2-Takt-Motor ergibt sich

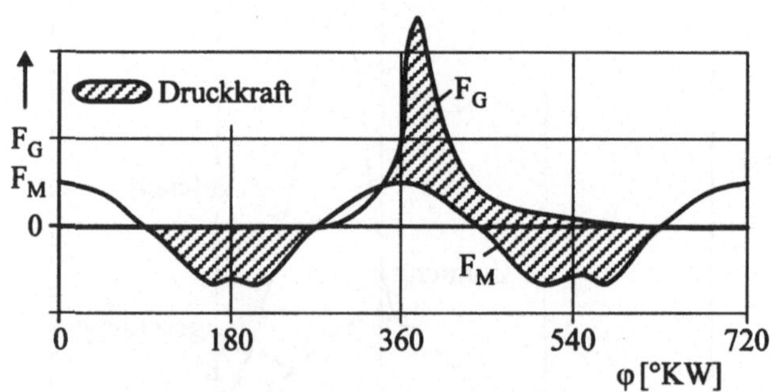

Abbildung 27: Gas- und Massenkräfte

durch den Wegfall der beiden Ladungswechseltakte überwiedend eine Druckbela-
stung des Pleuels. Kolben und Kolbenbolzen liegen dadurch immer einseitig auf
der Druckseite an. Dies kann zu Problemen bei der Schmierung führen.

3.3 Massenausgleich

3.3.1 Einzylinder-Massenausgleich

Die erste und zweite Ordnung können durch **je zwei zusätzliche Wellen** (also insgesamt vier zusätzliche Wellen) vollständig ausgeglichen werden. Damit ist der vollständige Massenausgleich für das Einzylinder-Triebwerk darstellbar (siehe Abb.28) durch:

- 2 zusätzliche Wellen, die mit ω drehen für osz. Massen 1. Ordnung

- 2 zusätzliche Wellen, die mit 2ω drehen für osz. Massen 2. Ordnung

- durch Gegengewichte an den Kurbelwangen für rot. Massen

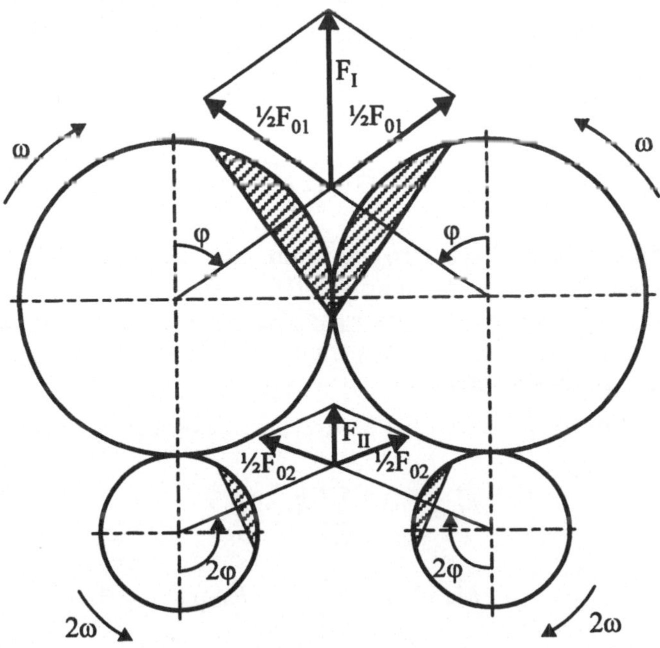

Abbildung 28: Massenausgleich 1. und 2. Ordnung (für Kolbenstellung $180° + \varphi$)

Der sog. Normalausgleich wird ohne Ausgleichswellen durchgeführt und stellt einen kostengünstigen Kompromiß für den Massenausgleich dar. Um den Hauptanteil der oszillierenden Massenkräfte teilweise auszugleichen, werden statt zweier zusätzlicher Ausgleichswellen für die 1. Ordnung die Gegengewichte an den Wangen vergrößert. Weil dadurch aber zusätzliche rotierende Unwuchten und damit zusätzliche Massenkräfte entstehen, werden die oszillierende Massenkräfte 1. Ordnung nicht vollständig sondern nur zum Teil ausgeglichen, entsprechend der Beziehung:

$$m_{GG}r_{GG} = \left(m_{rot} + \tfrac{1}{2}m_{osz}\right) r, \text{ bzw.}$$

$$m_{GG}r_{GG} = \left(m_{rot} + m_{osz}\left(\tfrac{1}{2} + 0,36\lambda_s\right)\right) r.$$

Massenkräfte 2. Ordnung, die mit 2ω rotieren, können durch Gegengewichte an der Kurbelwelle prinzipiell nicht ausgeglichen werden.

3.3.2   Mehrzylinder-Reihenmotor

Wegen der parallelen Zylinderanordnung genügt es, nur die gleichsinnig umlaufenden Kraftvektoren der einzelnen Zylinder

$$\vec{F}_{+1,k}, \vec{F}_{+2,k}$$

zu betrachten. Für jede Ordnung können diese zu den resultierenden Vektoren

$$\vec{F}_{+1} = \sum_{k=1}^{z} \vec{F}_{+1,k}$$

$$\vec{F}_{+2} = \sum_{k=1}^{z} \vec{F}_{+2,k}$$

zusammengefaßt werden, deren **Projektionen auf die Zylinderachse** die **halben** Massenkräfte 1. bzw. 2. Ordnung darstellen. Dabei ist zu beachten, daß der **Kurbelstern 1. Ordnung** dem wirklichen Kurbelstern entspricht und der **Kurbelstern 2. Ordnung** durch Verdoppelung der Kurbelwinkel an der Hochachse des jeweiligen Zylinders entsteht.

Bezüglich der Motormitte treten bei Mehrzylindermotoren die Massenmomente

$$\vec{M}_{+1} = \sum_{k=1}^{z} \vec{a}_k \times F_{+1,k}$$

$$\vec{M}_{+2} = \sum_{k=1}^{z} \vec{a}_k \times \vec{F}_{+2,k}$$

auf, die in einer Ebene senkrecht zur Kurbelwellenachse mit einfacher bzw. doppelter Kurbelwellendrehzahl umlaufen. Die halben wirksamen Massenmomente werden wieder durch Projektion auf die Senkrechte zur Ebene Zylinderachse-Kurbelwellenachse gebildet, siehe dazu Abb.29.

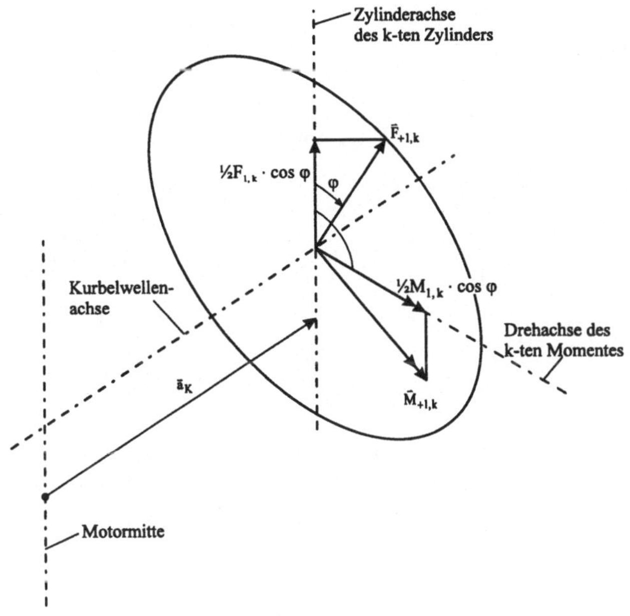

Abbildung 29: Massenmomente

Wir wollen die Zusammenhänge am Beispiel des Dreizylinder-Reihenmotors kurz
veranschaulichen und erläutern dazu zunächst die graphische Ermittlung der Kräfte:

<u>Kräfte 1. Ordnung</u>

$$F_{+1} = F_{+11} + F_{+12} \cos 120^\circ + F_{+13} \cos 240^\circ$$

$$F_{+1} = \frac{F_{01}}{2}(1 + \cos 120^\circ + \cos 240^\circ)$$

$$F_1 = F_{01}\left(1 - \frac{1}{2} - \frac{1}{2}\right)$$

$$\boxed{F_1 = 0}$$

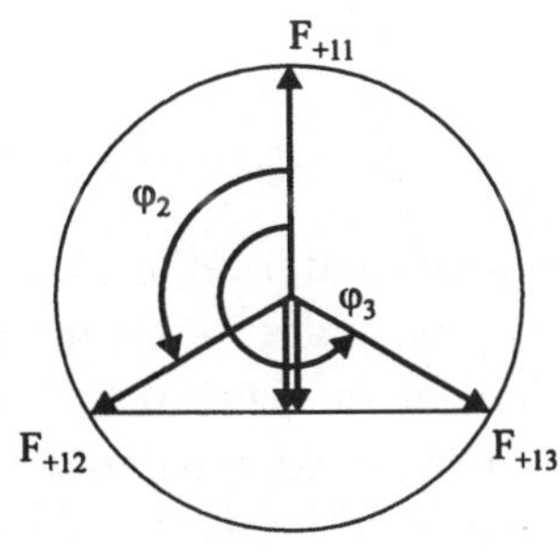

Kräfte 2. Ordnung

$$F_{+2} = F_{+21} + F_{+22} \cos 240^\circ + F_{+23} \cos 480^\circ$$

$$F_{+2} = \frac{F_{02}}{2}(1 + \cos 240^\circ + \cos 480^\circ)$$

$$F_2 = F_{02}\left(1 - \frac{1}{2} - \frac{1}{2}\right)$$

$$\boxed{F_2 = 0}$$

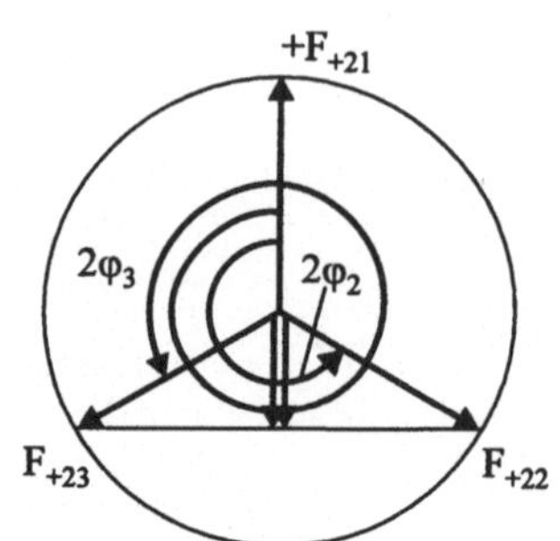

An Hand dieses Ergebnisses kann der Merksatz: Symmetrische Kurbelsterne für Reihenmotoren besitzen keine freien Massenkräfte, abgeleitet werden.

Die graphische Ermittlung der Momente erfolgt folgendermaßen:

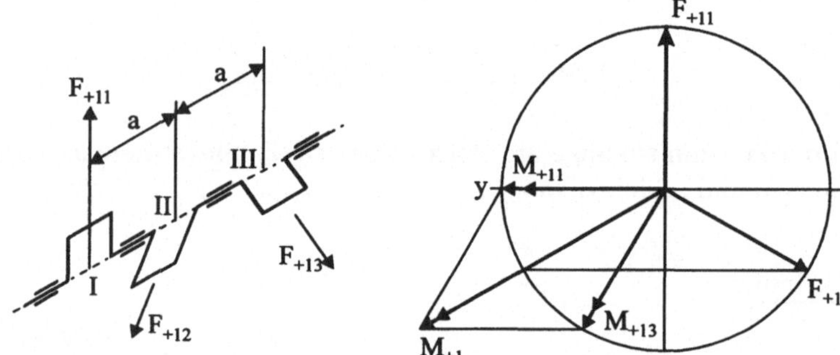

Der Momentenvektor $\vec{M}_{+1}$ dreht mit ω. Das effektiv auftretende Moment ist die Projektion des Momentenvektors $\vec{M}_{+1}$ auf die y-Achse. Das maximal auftretende Moment ist gleich dem Betrag von $\vec{M}_{+1}$, es tritt als für den Kurbelwinkel φ auf, für den der Momentenvektor $\vec{M}_{+1}$ in y-Richtung zeigt (hier also für $\varphi = 30^\circ$). Im einzelnen erhalten wir damit:

$$M_{+11} = a\,F_{+11} = a\,\frac{F_{01}}{2},$$

$$M_{+12} = 0,$$

$$M_{+13} = a\,F_{+13} = a\,\frac{F_{01}}{2},$$

$$M_{+1} = M_{+11}\cos 30^\circ + M_{+13}\cos 30^\circ,$$

$$M_{+1} = 2\,a\,\frac{F_{01}}{2}\,\frac{\sqrt{3}}{2} = \frac{\sqrt{3}}{2}\,a\,F_{01},$$

$$\boxed{M_1 = 2\,M_{+1} = \sqrt{3}\,a\,F_{01}}\,.$$

Für das Moment M_2 erhält man in analoger Weise das Ergebnis

$$\boxed{M_2 = 2\,M_{+2} = \sqrt{3}\,a\,F_{02}}\,.$$

Die Massenkräfte lassen sich auch rein formal entsprechend

$$\vec{F}_1 = \vec{F}_{1,1} + \vec{F}_{1,2} + \vec{F}_{1,3}$$

$$F_1 = F_{01}\,\cos\varphi + F_{01}\,\cos(\varphi + 120^\circ) + F_{01}\,\cos(\varphi + 240^\circ)$$

$$\boxed{F_1 = 0}$$

$$\vec{F}_2 = \vec{F}_{2,1} + \vec{F}_{2,2} + \vec{F}_{2,3}$$

$$F_2 = F_{02}\,\cos 2\varphi + F_{02}\,\cos(2\varphi + 240^\circ) + F_{02}\,\cos(2\varphi + 480^\circ)$$

$$\boxed{F_2 = 0}$$

ermitteln.

Die rechnerische Ermittlung der Momente führt auf

$$\vec{M}_1 = \vec{M}_{1,1} + \vec{M}_{1,2}$$

$$= a\,\vec{F}_{1,1} - a\,\vec{F}_{1,2}$$

$$M_1 = a\,(F_{01}\,\cos\varphi + F_{01}\,\cos(\varphi + 240^\circ)$$

$$\boxed{M_1 = \sqrt{3}\,a\,F_{01}}$$

Analog dazu erhält man für die 2. Ordnung

$$\boxed{M_2 = \sqrt{3}\,a\,F_{02}}\,.$$

Der Drei-Zylinder-Reihenmotor hat damit keine freien Massenkräfte, aber freie Massenmomente 1. und 2. Ordnung. Abb.30 zeigt nochmals zusammenfassend die Verhältnisse für den Drei-Zylinder-Reihenmotor.

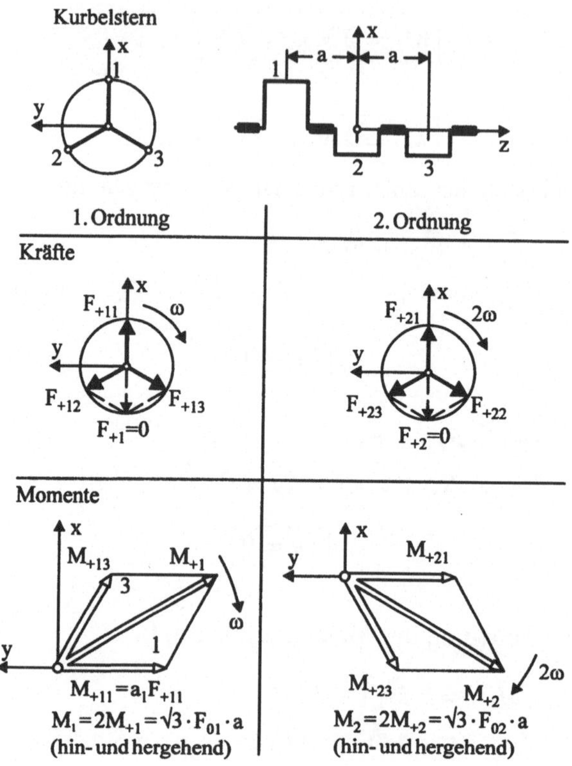

Abbildung 30: Massenkräfte und -momente für den Drei-Zylinder-R-Motor

3.3.3 Mehrzylinder V-Motoren

Bei Motoren mit mehreren nicht parallelen Zylindern ist es notwendig, die vollständige Vektorzerlegung durchzuführen, wobei Vektoren mit gleichem Drehsinn und gleicher Ordnung zusammengefaßt werden,

$$\vec{F_1} = \sum_{k=1}^{z} \vec{F}_{+1,k} + \sum_{k=1}^{z} \vec{F}_{-1,k},$$

$$\vec{F_2} = \sum_{k=1}^{z} \vec{F}_{+2,k} + \sum_{k=1}^{z} \vec{F}_{-2,k}.$$

Gegensinnig rotierende Vektoren gleicher Größe ergeben stets eine oszillierende resultierende Kraft, solche unterschiedlicher Größe darüber hinaus zusätzlich eine rotierende resultierende Kraft. Für die Massenmomente gilt analog dazu:

$$\vec{M}_1 = \sum_{k=1}^{z} \vec{a}_k \times \vec{F}_{+1,k} + \sum_{k=1}^{z} \vec{a}_k \times \vec{F}_{-1,k}$$

$$\vec{M}_2 = \sum_{k=1}^{z} \vec{a}_k \times \vec{F}_{+2,k} + \sum_{k=1}^{z} \vec{a}_k \times \vec{F}_{-2,k}$$

Wir wollen die Zusammenhänge am Beispiel des Zwei-Zylinder-V-Motors veranschaulichen und beschränken uns dabei auf die Ermittlung der Massenkräfte. Abb.31 zeigt die graphische Ermittlung der Massenkräfte 1. Ordnung. Weil $\phi = 90°$ beträgt, gilt für die resultierende Massenkraft 1. Ordnung

$$F_1 = \sqrt{F_{11}^2 + F_{12}^2}$$

$$= \sqrt{\left(\underbrace{2\,F_{+11}}_{F_{01}}\cos\varphi\right)^2 + \left(\underbrace{2\,F_{+12}}_{F_{01}}\underbrace{\cos(90° - \varphi)}_{\sin\varphi}\right)^2}$$

$$= F_{01}\sqrt{\cos^2\varphi + \sin^2\varphi}$$

$$\boxed{F_1 = F_{01}}.$$

Die freie Massenkraft 1. Ordnung ist somit eine konstante, rotierende Kraft, die durch ein Gegengewicht vollständig ausgeglichen werden kann. Siehe dazu auch Bild 31.

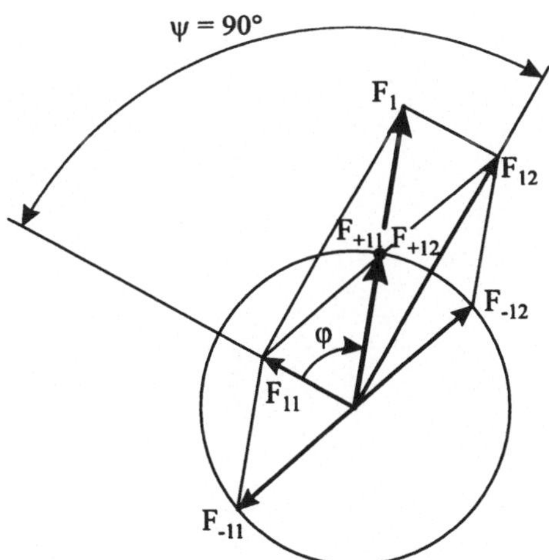

Abbildung 31: Massenkräfte 1. Ordnung für den Zwei-Zylinder V-Motor

Analog dazu erhält man für die freie Massenkraft 2. Ordnung

$$
\begin{aligned}
F_2 &= \sqrt{F_{21}^2 + F_{22}^2} \\[2mm]
&= \sqrt{\left(\underbrace{2\,F_{+21}}_{F_{02}}\cos 2\varphi\right)^2 + \left(\underbrace{2\,F_{+22}}_{F_{02}}\cos 2(90° - \varphi)\right)^2} \\[2mm]
&= F_{02}\sqrt{\cos^2 2\varphi + \underbrace{\cos^2(180° - 2\varphi)^2}_{(-\cos 2\varphi)^2}}
\end{aligned}
$$

$$
\boxed{F_2 = \sqrt{2}\cdot F_{02}\cdot \cos 2\varphi}\,.
$$

Die freie Massenkraft 2. Ordnung oszilliert also mit der doppelten Kurbelwellendrehzahl.

Ergänzend dazu ist in Abb.32 auch die Ermittlung der freien Massenmomente 1. und 2. Ordnung dargestellt.

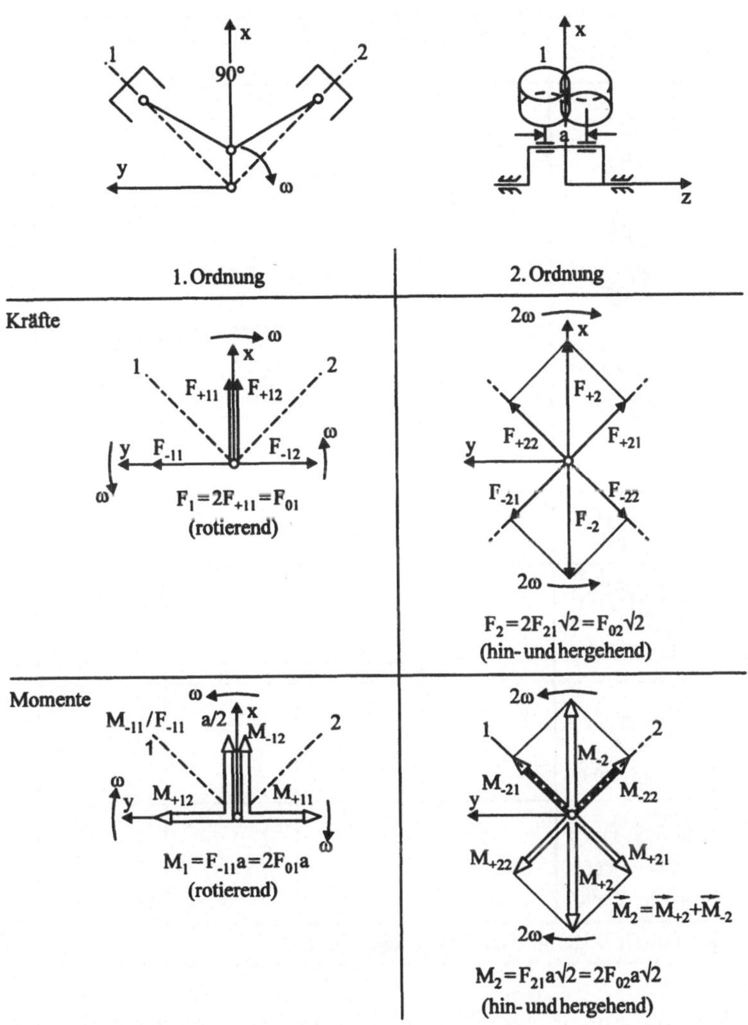

Abbildung 32: Massenkräfte und -momente am Zwei-Zylinder V-Motor

In Abb.33 sind die freien Massenkräfte und Massenmomente für verschiedene Reihen- und einen 8-Zylinder V-Motor zusammengestellt.

Anordnung	Freie Kräfte		Freie Momente	
	1. Ordnung	2. Ordnung	1. Ordnung	2. Ordnung
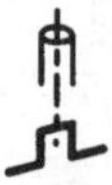	F_{01}	F_{02}		
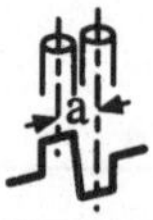		$2 \cdot F_{02}$	$F_{01} \cdot a$	
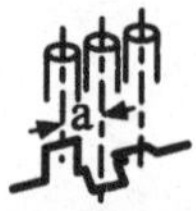			$\sqrt{3} \cdot F_{01} \cdot a$	$\sqrt{3} \cdot F_{02} \cdot a$
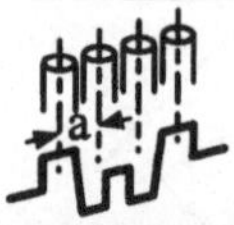		$4 \cdot F_{02}$		
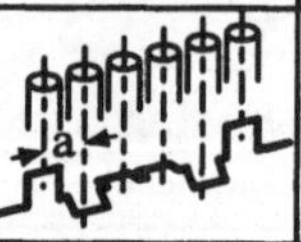				
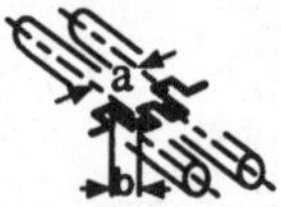				$2 \cdot F_{02} \cdot b$
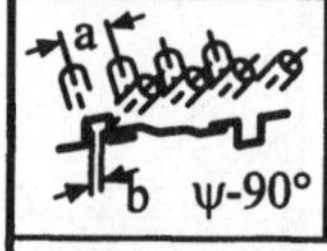			$\sqrt{10} \cdot F_{01} \cdot a$ *	
* Durch Gegengewichte voll ausgleichbar				

Abbildung 33: Freie Massenkräfte und -momente verschiedener Motoren

3.4 Torsionsschwingungen an der Kurbelwelle

3.4.1 Erregerkräfte

Torsionsschwingungen an der Kurbelwelle werden durch Schwankungen der Gas- und Massendrehkraft, die wir im folgenden ermitteln wollen, verursacht. Die Zerlegung der Kolbenkraft F_K in die Pleuelkraft F_p und weiter in die Dreh- (Tangential-) kraft F_T ist in Abb.34 dargestellt.

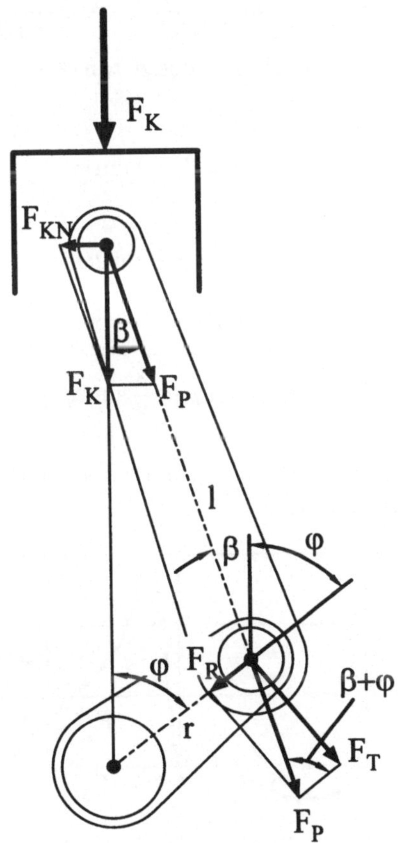

Abbildung 34: Kräfte am Kurbeltrieb

Mit dem Winkel β zwischen Zylinder- und Pleuelachse erhält man für die Pleuelkraft

$$F_P = F_K \frac{1}{\cos \beta} \qquad (10)$$

und daraus mit der Winkelsumme $\varphi + \beta$ für die Tangentialkraft

$$F_T = F_P sin(\varphi + \beta) = F_K \frac{\sin(\varphi + \beta)}{\cos \beta}.$$

Mit der trigonometrischen Umformung

$$\sin(\varphi + \beta) = \sin\varphi \ \cos\beta + \cos\varphi \ sin\beta$$

folgt daraus

$$F_T = F_K \left(\sin\varphi\frac{\cos\beta}{\cos\beta} + \cos\varphi\frac{\sin\beta}{\cos\beta} \right),$$
$$F_T = F_K(\sin\varphi + \cos\varphi \ \tan\beta)$$

Für kleine Winkel β gilt die Näherung

$$\tan\beta \approx \sin\beta = \lambda\sin\varphi.$$

Mit

$$\cos\varphi \ \sin\varphi = \frac{1}{2}\sin 2\varphi,$$

erhält man damit schließlich für die Tangentialkraft (Drehkraft)

$$\boxed{F_T = F_K \left(\sin\varphi + \frac{\lambda}{2}\sin 2\varphi \right)}. \tag{11}$$

Abb.35 zeigt den Drehkraftverlauf F_T sowie die beiden Anteile $F_{T,G}$ (Gaskraftanteil) und $F_{T,M}$ (Massenkraftanteil).

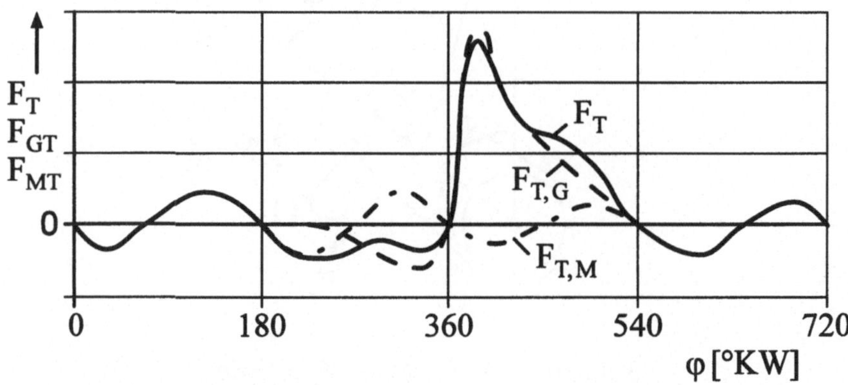

Abbildung 35: Drehkraftverlauf der Gas- und Massenkräfte

Für die Radial-(Lager-)kraft folgt

$$F_R = F_K \frac{\cos(\varphi + \beta)}{\cos\beta}$$

und daraus schließlich nach einer zu oben analogen Umformung

$$F_R = F_K (\cos\varphi - \lambda \, \sin^2\varphi).$$

(12)

Die Radialkraft ist entscheidend für die Auslegung des Kurbelwellenhauptlagers, worauf wir hier aber nicht näher eingehen wollen. Für die Gasdrehkraft ergibt sich aus der Beziehung für die Tangentialkraft

$$F_{T,G} = A_K \, p(\varphi) \left(\sin\varphi + \frac{\lambda}{2}\sin 2\varphi \right).$$

(13)

Die Abb.36 zeigt die Vollastamplituden der Gas-Tangentialdruck-Harmonischen eines direkteinspritzenden 4-Takt-Dieselmotors. Weil sich das Arbeitsspiel des 4-Takt-Motors über zwei Kurbelwellenumdrehungen erstreckt, treten bei der Fourier-Analyse auch Harmonische mit halber Ordnung auf. Man erkennt, daß die Harmonische 1. Ordnung dominiert, die Amplituden der Harmonischen mit steigender Ordnung schnell abklingen und asymptotisch gegen Null streben. Für einen 4-Takt-Ottomotor erhält man ganz ähnliche Verläufe.

Der Gasdrehkraftverlauf wird mittels Fourier-Analyse durch eine Fourier-Reihe dargestellt.

$$F_{T,G}(\varphi) = A_0 + \sum_{k=1}^{\infty} A_k \, \cos(k\varphi) + \sum_{k=1}^{\infty} B_k \, \sin(k\varphi)$$

mit

$$A_0 = \frac{1}{4\pi} \int_0^{4\pi} F_{T,G}\,(\varphi)\,d\varphi,$$

$$A_k = \frac{1}{2\pi} \int_0^{4\pi} F_{T,G}\,(\varphi)\,\cos(k\,\varphi)\,d\varphi,$$

$$B_k = \frac{1}{2\pi} \int_0^{4\pi} F_{T,G}\,(\varphi)\,\sin(k\,\varphi)\,d\varphi.$$

Für die Massendrehkraft erhält man analog dazu

$$F_{T,M} = m_{osz}\,r\,w^2\,(\cos\varphi + \lambda\,\cos 2\varphi)\left(\sin\varphi + \frac{\lambda}{2}\sin 2\varphi\right)$$

(14)

Auch der Massendrehkraftverlauf kann mittels Fourier-Analyse durch eine Fourier-Reihe dargestellt werden,

$$F_{T,M} = a_0 + \sum_{k=1}^{\infty} a_k \, \cos(k\varphi) + \sum_{k=1}^{\infty} b_k \, \sin(k\varphi)$$

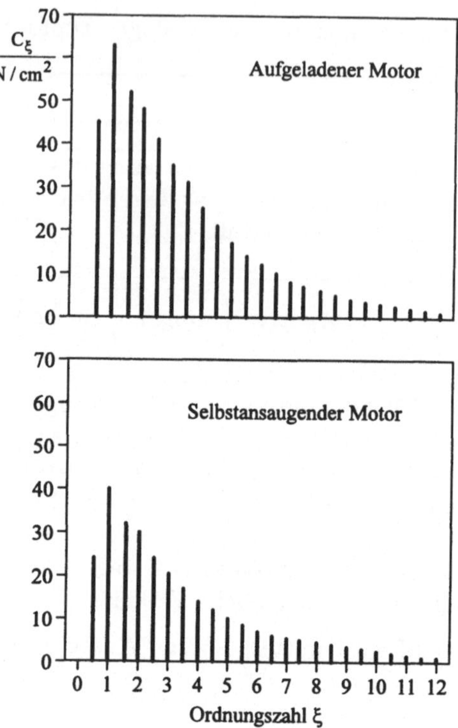

Abbildung 36: Vollastamplituden der Gas-Tangentialdruck-Harmonischen eines direkteinspritzenden Dieselmotors (nach [3])

mit

$$a_0 \;=\; \frac{1}{2\pi} \int_0^{2\pi} F_{T,M}\,(\varphi)\,d\varphi,$$

$$a_k \;=\; \frac{1}{\pi} \int_0^{2\pi} F_{T,M}\,(\varphi)\,\cos(k\,\varphi)\,d\varphi,$$

$$b_k \;=\; \frac{1}{\pi} \int_0^{2\pi} F_{T,M}\,(\varphi)\,\sin(k\,\varphi)\,d\varphi.$$

Weil die Massenkräfte periodisch mit 2π sind, reicht hier die Integration von 0 bis 2π. Der gesamte Drehkraftverlauf kann natürlich ebenfalls durch eine Fourier-Reihe

$$F_T(t) = c_0 + \sum_{k=1}^{\infty} c_k\,\sin(k\,w\,t - \Delta\varphi_k)$$

dargestellt werden. Weil die Gaskräfte periodisch mit 4π, die Massenkräfte aber periodisch mit 2π sind, treten durch die Überlagerung neben den ganzzahligen auch halbzahlige Ordnungen auf, so daß für k gilt:

$$k = \frac{1}{2}, 1, \frac{3}{2}, 2, \ldots$$

3.4.2   Einmassenschwinger ohne Dämpfung

Zur Untersuchung des Torsionsschwingungsverhaltens der Kurbelwelle können unterschiedliche Modelle, sog. Ersatzsysteme, verwendet werden. Zur Berechnung der Eigenfrequenzen der Kurbelwelle, d.h. der kritischen Drehzahlen ist der einfache Mehrmassenschwinger ohne Dämpfung vollkommen ausreichend (Kap.3.4.3). Falls die tatsächlichen Amplituden der Kurbelwellenschwingungen interessieren, muß ein Dämpfungsgrad in dieses einfache Modell eingebaut werden. Man hat damit das sog. Standard-Kurbelwellen-Ersatzsystem (siehe Kap.3.4.4). Wir wollen im folgenden zunächst die Grundlagen kurz wiederholen und betrachten dazu den Einmassenschwinger ohne Dämpfung.

Wir vergleichen zunächst einen Longitudinal- mit einem Torsionsschwinger, siehe Abb.37. Beide Systeme schwingen periodisch innerhalb der maximalen Amplituden x_A bzw. φ_A, wobei eine kontinuierliche Umwandlung von kinetischer in potentielle Energie erfolgt.

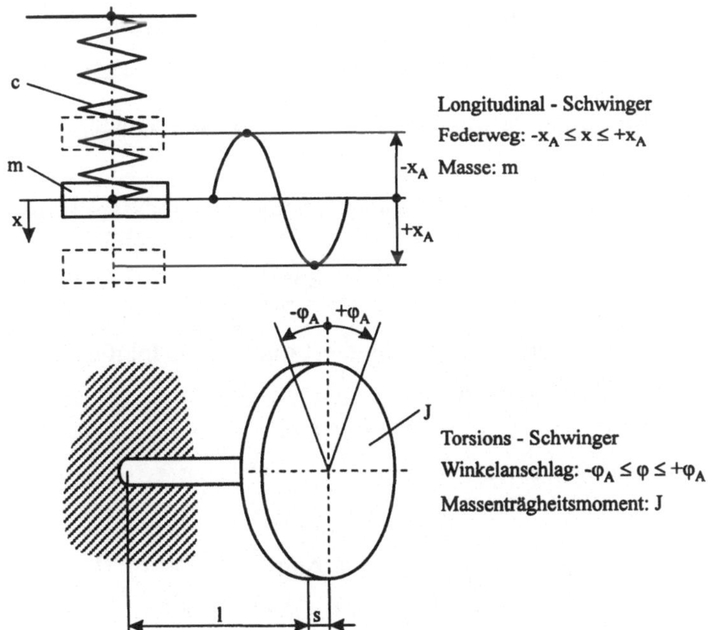

Abbildung 37: Longitudinal- und Torsionsschwinger

In Abb.38 sind für die beiden Schwinger die Ausdrücke für die potentielle und kinetische Energie zusammengestellt.

	Longitudinal-Schwinger	Torsions-Schwinger
Kraft / Moment	F	M
Auslenkung	x	φ
Steifigkeit	$c = \dfrac{F}{x}$	$k = \dfrac{M}{\varphi}$
Pot. Energie $E_p =$	$\dfrac{F \cdot x}{2} = c\,\dfrac{x^2}{2}$	$\dfrac{M\varphi}{2} = k\,\dfrac{\varphi^2}{2}$
Kin. Energie $E_k =$	$\dfrac{1}{2}\,m\dot{x}^2$	$\dfrac{1}{2}\,J\dot{\varphi}^2$

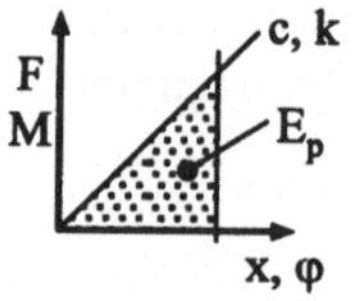

Abbildung 38: Longitudinal- und Torsionsschwinger

Mit dem Energieerhaltungssatz erhält man für diesen Einmassen-Torsionsschwinger die Beziehung:

$$E_0 = E_P + E_K = \frac{k\varphi^2}{2} + \frac{1}{2}J\dot{\varphi}^2.$$

Differenziert man nach der Zeit t und dividiert durch $\dot{\varphi}$, so folgt daraus die einfache Schwingungsdifferentialgleichung

$$J\ddot{\varphi} + k\,\varphi = 0.$$

Setzt man den Lösungsansatz

$$\begin{aligned}
\varphi &= k\,\sin(\omega\,t + \Delta\varphi) \\
\dot{\varphi} &= w\,k\,\cos(\omega\,t + \Delta\varphi) \\
\ddot{\varphi} &= -w^2 k\,\sin(\omega\,t + \Delta\varphi) = -w^2\varphi
\end{aligned}$$

in diese Differentialgleichung ein, so erhält man für die Eigenfrequenz des Schwingers

$$w = \sqrt{\frac{k}{J}}.$$

Mit dem Massenträgheitsmoment

$$J = \rho\, s\, I_P$$

und dem polaren Flächenträgheitsmoment

$$I_P = \frac{\pi}{2}\, R^4 = \frac{\pi}{32}\, D^4.$$

erhält man für die Torsionssteifigkeit

$$k = \frac{I_P\, G}{l}$$

wobei G der Schubmodul ist.

3.4.3 Drei-Massen-Schwinger ohne Dämpfung

Wir betrachten als einfache Erweiterung des Einmassenschwinger den Drei-Massen-Schwinger ohne Dämpfung entsprechend der nachfolgenden Skizze

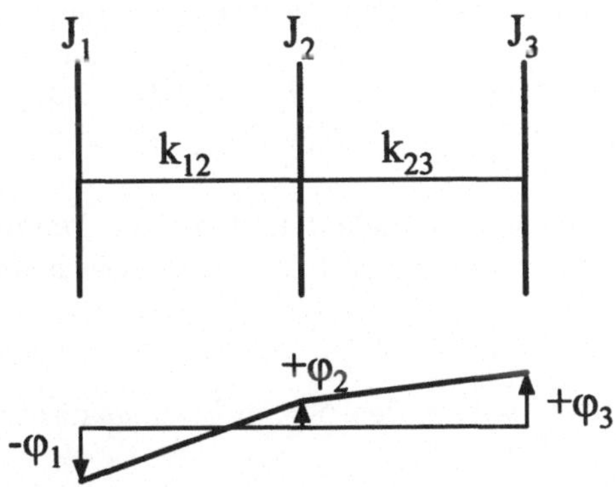

und erhalten dafür folgendes System linearer und gewöhnlicher Differentialgleichungen:

$$
\begin{aligned}
J_1\,\ddot{\varphi}_1 + k_{12}(\varphi_1 - \varphi_2) &= 0 \\
J_2\,\ddot{\varphi}_2 + k_{12}(\varphi_2 - \varphi_1) + k_{23}(\varphi_2 - \varphi_3) &= 0 \\
J_3\,\ddot{\varphi}_3 + k_{23}(\varphi_3 - \varphi_2) &= 0
\end{aligned}
$$

Der allgemeine Lösungsansatz

$$\varphi_i = A_i\ \sin(\omega\, t)$$

führt zunächst auf

$$\ddot{\varphi}_i = -\omega^2 \, \varphi_i$$

Damit erhält man ein System von linearen Gleichungen

$$\begin{aligned}
-J_1\omega^2 \, A_1 + k_{12}(A_1 - A_2) &= 0 \\
-J_2\omega^2 \, A_2 + k_{12}(A_2 - A_1) + k_{23}(A_2 - A_3) &= 0 \\
-J_3\omega^2 \, A_3 + k_{23}(A_3 - A_2) &= 0
\end{aligned}$$

Dieses Gleichungssystem kann formal mit der Matrizenschreibweise

$$\begin{pmatrix}
-J_1\omega^2 + k_{12} & -k_{12} & 0 \\
-k_{12} & -J_2\omega^2 + k_{12} + k_{23} & -k_{23} \\
0 & -k_{23} & -J_3\omega^2 + k_{23}
\end{pmatrix}
\begin{pmatrix} A_1 \\ A_2 \\ A_3 \end{pmatrix} = 0$$

dargestellt werden. Mittels entsprechender Matrizenoperationen können die Eigenwerte dieser Matrix berechnet werden, siehe [2], [3] oder [4].

3.4.4　Mehrmassenschwinger mit Dämpfung

Wir betrachten das in Abb.39 dargestellte Ersatzsystem und erhalten für die Torsionsschwingung der i-ten Kurbelkröpfung folgende Differentialgleichung

$$\begin{aligned}
J_i\ddot{\varphi}_i \quad &+ \quad k_{i-1,i}(\varphi_i - \varphi_{i-1}) + k_{i,i+1}(\varphi_i - \varphi_{i+1}) \\
&+ \quad d_{i-1,i}(\dot{\varphi}_i - \dot{\varphi}_{i-1}) + d_{i,i+1}(\dot{\varphi}_i - \dot{\varphi}_{i+1}) = F_i
\end{aligned}$$

in der k_{ij} wieder die Torsionssteifigkeit und d_{ij} die Dämpfung darstellen. Die Dämpfung ist dabei proportional zur Schwingungsgeschwindigkeit gesetzt, also Dämpfung $\sim d_{ij} \, \Delta\dot{\varphi}_{ij}$.

Zur Lösung verwenden wir wieder den obigen Lösungsansatz

$$\begin{aligned}
\varphi_i &= A_i \, \sin(\omega \, t + \Delta\varphi), \\
\dot{\varphi}_i &= A_i \, \omega \, \cos(\omega \, t + \Delta\varphi), \\
\ddot{\varphi}_i &= -A_i \, \omega^2 \, \sin(\omega \, t + \Delta\varphi) = -w^2\varphi_i.
\end{aligned}$$

Weil im Gegensatz zu vorher jetzt aber die Dämpfung proportional zu $\cos\omega\,t$ und damit um 180° phasenverschoben zu den Massen- und Rückstellkräften (Steifigkeit) ist, ist es zweckmäßig, den Lösungsansatz durch die komplexe Funktion

$$\varphi = \hat{\varphi} \, exp\,(i\,\omega\,t)$$

mit

$$\hat{\varphi} = A \, exp\,(-i\Delta\varphi)$$

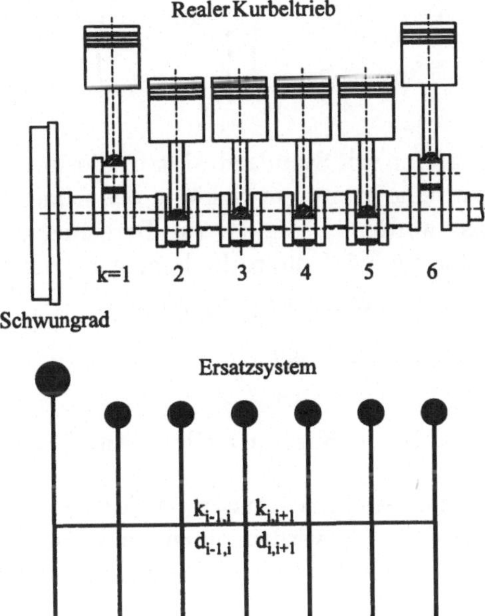

Abbildung 39: Kurbelwellen-Ersatzsystem

darzustellen. Die komplexe Zahl $i = \sqrt{-1}$ in diesen Ausdrücken ist nicht zu verwechseln mit dem Laufindex i in dem realen Lösungsansatz. Damit erhält man weiter

$$\dot{\varphi} = i\,\omega\,\hat{\varphi}\,exp\,(i\,\omega\,t) = i\,\omega\,\varphi,$$
$$\ddot{\varphi} = -\omega^2\,\hat{\varphi}\,exp\,(i\,\omega\,t) = -\omega^2\,\varphi.$$

Analog dazu werden die Erregerkräfte, die Summe aus der Gas- und Massendrehkraft F_T, ebenfalls in komplexer Schreibweise dargestellt,

$$F_T = \hat{F}\,exp(i\,\omega\,t),$$

mit

$$\hat{F} = C\,exp(-i\Delta\varphi).$$

Dieses System von gewöhnlichen Differentialgleichungen kann formal durch

$$(-\omega^2\,\mathbf{M} + i\omega\,\mathbf{D} + \mathbf{K})\,\hat{\varphi} = \hat{F}$$

dargestellt werden. Die Aufspaltung in Real- und Imaginärteil führt auf die Matrizengleichung

$$\begin{pmatrix} \mathbf{K} - \omega^2\,\mathbf{M} & \omega\mathbf{D} \\[2mm] \omega\mathbf{D} & \mathbf{K} - \omega^2\,\mathbf{M} \end{pmatrix} \begin{pmatrix} \mathrm{Re}(\hat{\varphi}) \\[2mm] \mathrm{Im}(\hat{\varphi}) \end{pmatrix} = \begin{pmatrix} \mathrm{Re}(\hat{F}) \\[2mm] \mathrm{Im}(\hat{F}) \end{pmatrix}.$$

Diese Matrizengleichung kann mit Standard-Matrizenlösungsalgorithmen, z.B. dem Gauß-Jordan-Verfahren (eine Weiterentwicklung des früher verwendeten Holtzer-Tolle-Verfahrens) gelöst werden. Lediglich zur Berechnung der Eigenfrequenzen und Eigenschwingungsformen wird die reelle homogene Matrizengleichung

$$(\mathbf{K} - \omega_e^2\,\mathbf{M})\,\mathrm{Re}(\hat{\varphi}) = 0$$

gelöst und die Eigenwerte ω_e ermittelt.

3.4.5 Strukturmechanische Kurbelwellen-Simulation

Zusätzlich zu den oben dargestellten Ersatzmodellen zur Beschreibung der Torsionsschwingungen der Kurbelwelle werden zunehmend 3D-Finite-Elemente-Verfahren eingesetzt. Diese strukturmechanischen Verfahren zeichnen sich durch folgende Vorteile aus:

- höhere Genauigkeit

- auch die Umgebung der Kurbelwelle z.B. Kurbelgehäuse, Rädertrieb, Nockenwelle usw. kann mit berücksichtigt werden

- auch komplexe Schwingungsformen der Gegengewichte lassen sich berechnen

- neben den Verformungen können damit prinzipiell auch Torsions- und Biegespannungen, ganz allgemein also Spannungsfelder in der Kurbelwelle berechnet werden.

Abb.40 zeigt das strukturmechanische Modell der Kurbelwelle eines 16-Zylinder-V-Motors. Dieses Modell besteht aus **3360 3D-Elementen** und **8084 FE-Knoten**.

Abb.41 zeigt schließlich das vollständige strukturmechanische Modell des Triebwerkes einschließlich Kupplung, Rädertrieb und Nockenwelle des 16-Zylinder-V-
Motors.

Dieses gesamte Motormodell enthält insgesamt 33856 3D-Elemente und 58168 FE-
Knoten und ist mit dem kommerziell verfügbaren Programm NASTRAN erstellt.

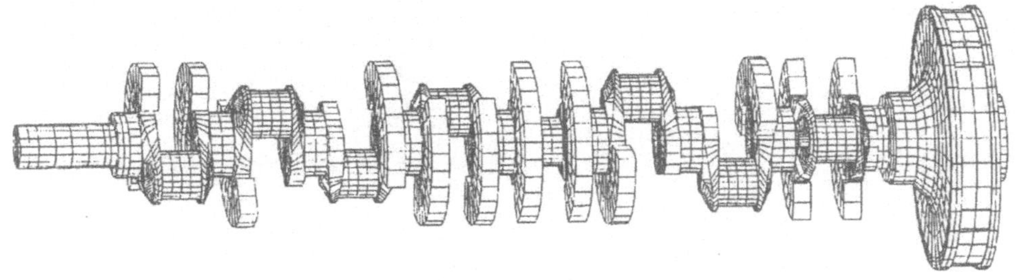

Abbildung 40: Strukturmechanisches Modell einer Kurbelwelle

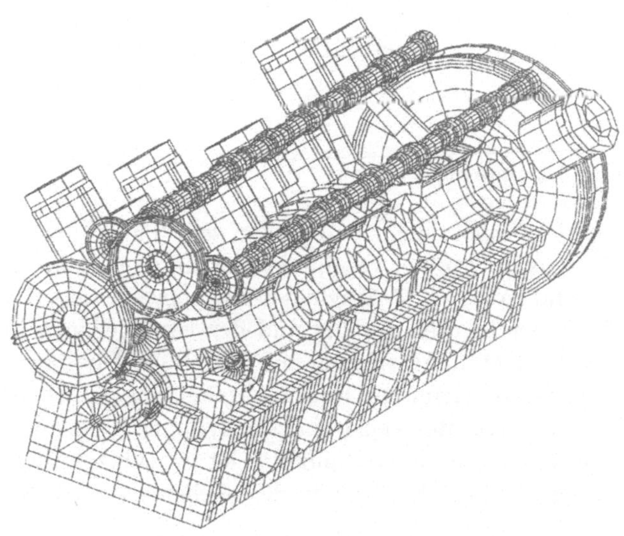

Abbildung 41: Strukturmechanisches Modell eines 16-Zylinder-V-Motors.

Abb.42 zeigt als Ergebnis der strukturmechanischen Simulation einen Vergleich
zwischen gemessenen und berechneten Eigenfrequenzen der Kurbelwelle sowie die
verschiedenen Eigenschwingungsformen. Die Abweichung zwischen Messung und
Rechnung beträgt etwa 8 Prozent. Mit steigender Eigenfrequenz treten folgende

Schwingungsformen auf: Biegung, Axialschwingung, Torsion, gemischte bzw. über-
lagerte Schwingungsformen und Gegengewichtsschwingungen. Bei etwa 1050 Hz ist
infolge der endlichen Zahl der verwendeten 3D-Elemente die Modellierungsgrenze
des Modells erreicht.

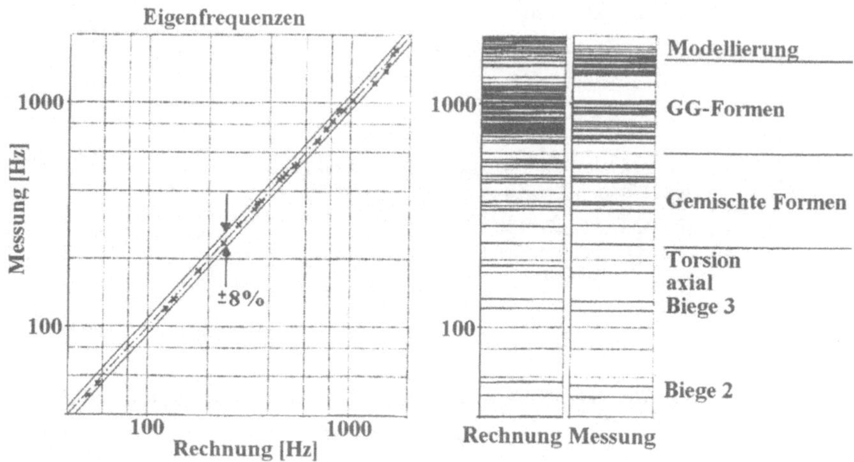

Abbildung 42: Berechnete und gemessene Eigenfrequenzen der 16V396 Kurbelwelle

3.4.6 Kritische Drehzahlen

Wir wollen uns im folgenden nochmals mit den sog. haupt- und nebenkritischen
Drehzahlen sowie dem Einfluß der Dämpfung beschäftigen. Die Drehkraftverläu-
fe der einzelnen Zylinder einer Mehrzylinder-Kurbelwelle weisen wegen der un-
terschiedlichen Lage der Kurbelkröpfung und der verschiedenen Zündzeitpunkte
(Zündfolge) unterschiedliche Phasenlagen auf. Durch die Überlagerung der Dreh-
kraftverläufe treten bei bestimmten Drehzahlen, den sog. kritischen Drehzahlen,
Resonanzen auf. Wir betrachten dazu einen 6-Zylinder Reihenmotor mit langer
Zündfolge. Die sog. kurze und lange Zündfolge ist in Abb.43 erläutert, wobei die
Begriffe kurz und lang auf die Entfernung der nacheinander zündenden Zylinder
verweisen.

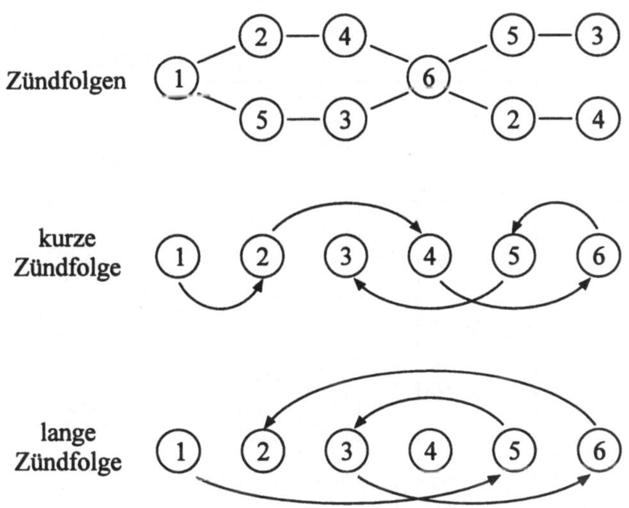

Abbildung 43: Zündfolgen eines 6-Zylinder-Reihenmotors

Die Ermittlung der Richtungssterne der 0.5ten, 1sten, 1.5ten, 2ten und 3ten Ordnung ist in Abb.44 dargestellt. Aus dieser Tabelle lassen sich die folgenden, allgemein gültigen Feststellungen ableiten:

Als Hauptkritische werden diejenigen Ordnungen bezeichnet, für die die Vektoren der Zündfolgen gleiche Lage und gleiche Richtung haben.

Als Nebenkritische werden diejenigen Ordnungen bezeichnet, für die die Vektoren der Zündfolgen gleiche Lage, aber entgegengesetzte Richtungen haben.

Abb.44 zeigt, daß für den untersuchten 6R-Motor die 3te, 6te, 9te usw. Ordnung Hauptkritische und die 1.5te, 4.5te, 7.5te usw. Nebenkritische sind.

Gefährlich (kritisch) können nur diejenigen Drehzahlen werden, bei denen Neben- und Hauptkritische Ordnungen i* mit einer Eigenfrequenz der Kurbelwelle n_e zusammenfallen, also

$$\boxed{\text{Kritische Drehzahl} \qquad n_{kr} = \frac{n_e}{i^*}}.$$

Für den betrachteten 6-Zylinder-Reihenmotor wurde die erste Torsionseigenschwingung bei einer Frequenz von 167 Hz oder $10020\,min^{-1}$ ermittelt. Kritische (Hauptkritische) Drehzahlen sind deshalb $10020/3 = 3340\,min^{-1}$, $10020/6 = 1670\,min^{-1}$, $11120/9 = 1113\,min^{-1}$ usw. Diese Zusammenhänge sind in Abb.45, dem Eigenfrequenz-Drehzahl-Diagramm, veranschaulicht.

Ordnung	Zylinder						Richtungssystem
	1	2	3	4	5	6	
1	0	480 (120)	240	600 (240)	120	360	
0,5	0	240	120	300	60	180	
1,5	0	720 (360)	360	900 (180)	180	540 (180)	
2	0	960 (240)	480 (120)	1200 (120)	240	720 (360)	
3	0	1440 (360)	720 (360)	1800 (360)	360	720 (360)	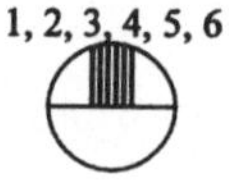

Abbildung 44: Richtungssterne i-ter Ordnung eines 6-Zylinder-Reihenmotors mit langer Zündfolge

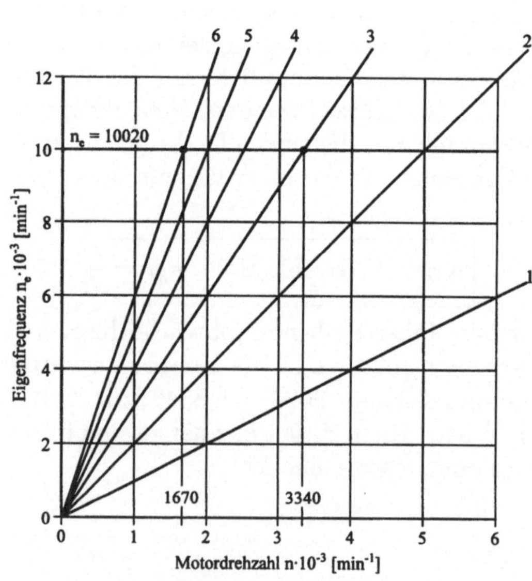

Abbildung 45: Eigenfrequenz-Drehzahl-Diagramm eines 6-Zylinder-Reihenmotors

4 Kenngrößen, Kennwerte und Kennfeld

4.1 Kenngrößen

Kenngrößen von Verbrennungsmotoren sind als charakteristische Größen wichtig im Hinblick auf

- Auslegung und Festlegung der Motorabmessungen ,
- Nachrechnung und Ermittlung der tatsächlichen Leistung und
- Beurteilung und Vergleich verschiedener Verbrennungskraftmaschinen.

4.1.1 Leistung und Mitteldruck

Der Mitteldruck ist eine typische und deshalb wichtige Kenngröße zur technischen Beurteilung eines Verbrennungsmotors. Aus der Definition für die Kolbenarbeit

$$dW = p\,A_k\,dx = p\,dV$$

erhält man durch Integration über ein Arbeitsspiel für die indizierte Arbeit pro Arbeitsspiel

$$W_i = \oint p\,dV$$

und daraus mit der Definition

$$W_i = p_{m,i}\,V_h$$

für den indizierten Mitteldruck

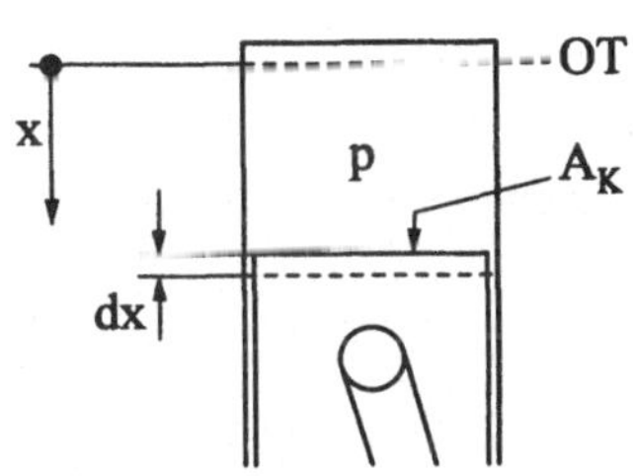

$$\boxed{p_{m,i} = \frac{1}{V_h}\oint p\,dV}\,. \qquad (15)$$

Die Bestimmung des Mitteldrucks aus dem Druckverlauf bzw. aus dem Indikatordiagramm ist für das 4-Takt- und für das 2-Takt-Verfahren in Abb.46 wiedergegeben. Es wird demnach ein flächengleiches Rechteck mit der Länge V_h und der Höhe $p_{m,i}$ gebildet.

Für die indizierte oder auch innere Leistung pro Zylinder folgt

$$P_{i,z} = n_A\,W_i = n_A\,p_{m,i}\,V_h$$

und damit für die indizierte Gesamtleistung des Motors

$$P_i = P_{i,z}\,z = z\,n_A\,p_{m,i}\,V_h\,.$$

Mit der Zahl der Arbeitsspiele pro Zeit

$$n_A = i\,n \qquad \text{mit} \qquad i = \begin{cases} 0,5 \text{ für 4-Takt} \\ 1 \text{ für 2-Takt} \end{cases}$$

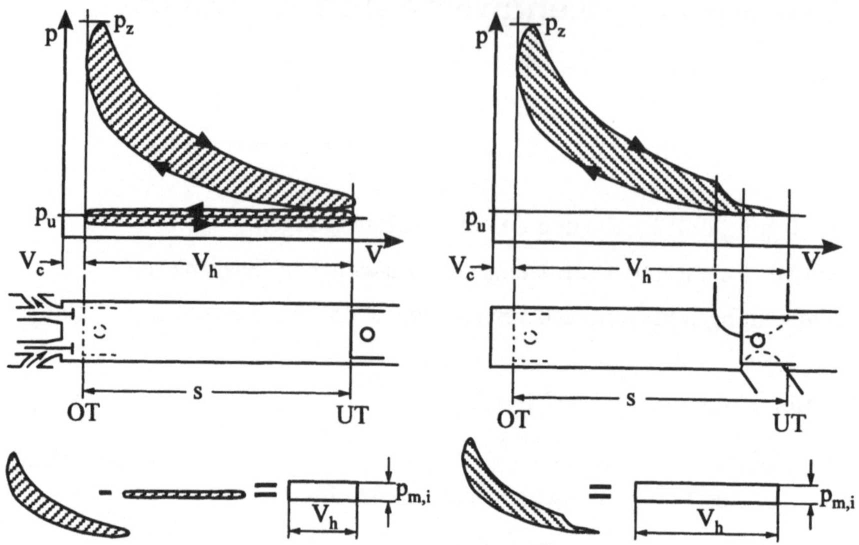

Abbildung 46: 4-Takt- und 2-Takt-Verfahren

erhält man schließlich für die indizierte Gesamtleistung

$$\boxed{P_i = i\, z\, n\, p_{m,i}\, V_h}\tag{16}$$

Die effektive Gesamtleistung ist die Differenz aus indizierter Leistung und Reibleistung

$$P_e = P_i - P_r\tag{17}$$

wofür man mit der obigen Beziehung schließlich

$$\boxed{P_e = i\, z\, n\, p_{m,e}\, V_h}\tag{18}$$

erhält. Analog zu vorher ist die Differenz aus dem indizierten und effektiven Mitteldruck der Reibmitteldruck

$$\boxed{p_{m,r} = p_{m,i} - p_{m,e}}\tag{19}$$

4.1.2 Wirkungsgrad und spezifischer Brennstoffverbrauch

Der Wirkungsgrad einer thermischen Energiewandlungsmaschine ist ganz allgemein das Verhältnis von Nutzen zu Aufwand. Beim Verbrennungsmotor ist der

Nutzen die indizierte bzw. effektive Motorleistung und der Aufwand die mit dem Brennstoffmassenstrom zugeführte Energie $\dot{m}_B\, H_u$. Damit folgt

$$\eta_{i,e} = \frac{P_{i,e}}{\dot{m}_B\, H_u}$$

Das Verhältnis aus effektiver und indizierter Leistung ist der mechanische Wirkungsgrad.

$$\eta_m = \frac{\eta_e}{\eta_i} = \frac{P_e}{P_i} = \frac{p_{m,e}}{p_{m,i}}$$

Der spezifische Brennstoffverbrauch ist der auf die Motorleistung bezogene Brennstoffverbrauch

$$b_e = \frac{\dot{m}_B}{P_e} = \frac{1}{\eta_e\, H_u}.$$

Mit einem mittleren Wert für den unteren Heizwert von Benzin und Dieselöl von etwa

$$H_U = 4,186 * 10^4 \quad \left[\frac{kJ}{kg}\right]$$

erhält man daraus den einfachen Zusammenhang zwischen dem spezifischen Brennstoffverbrauch und dem effektiven Wirkungsgrad

$$b_e = \frac{80}{\eta_e} \left[\frac{g}{kWh}\right]$$

Ein effektiver Wirkungsgrad von beispielsweise $\eta_e = 40\%$ führt auf einen spezifischen Brennstoffverbrauch von $b_e = 215\, g/kWh$.

Man unterscheidet zwischen oberem und unterem Heizwert. Bei der Bestimmung des oberen Heizwertes werden die Verbrennungsprodukte auf Ansaugtemperatur zurückgekühlt, das darin enthaltene Wasser wird auskondensiert, ist also flüssig. Im Gegensatz dazu wird bei der Bestimmung des unteren Heizwertes das Wasser nicht auskondensiert und liegt somit dampfförmig vor. Für Verbrennungsmotoren ist wegen der relativ hohen Abgastemperatur der untere Heizwert zu verwenden.

Man verwendet gelegentlich einen sog. Gemischheizwert und meint damit den auf die Frischladung bezogen zugeführten Energiestrom. Für den Otto- und den Dieselmotor erhält man dafür unterschiedliche Ausdrücke, weil der eine ein Benzin-Luft-Gemisch und der andere reine Luft ansaugt.

$$\text{Ottomotor:} \quad H_G \;=\; \frac{m_B\, H_u}{V_G} \quad \text{mit} \quad V_G = \frac{m_L + m_B}{\rho_G}$$

$$\text{Dieselmotor:} \quad H_G \;=\; \frac{m_B\, H_u}{V_L} \quad \text{mit} \quad V_L = \frac{m_L}{\rho_L}$$

4.1.3   Luftaufwand und Liefergrad

Als Luftaufwand wird das Verhältnis des tatsächlichen Ladungseinsatzes, d.h. der zugeführten Frischladung (bei Ottomotoren: Brennstoff und Luft, bei Dieselmotoren: ausschließlich Luft), zum theoretisch möglichen Luftaufwand m_{th} bezeichnet,

$$\lambda_a \;=\; \frac{m_G}{m_{th}} = \frac{m_G}{V_h\,\rho_{th}}$$

$$m_G \;=\; \begin{cases} m_B + m_L & \text{für Ottomotor} \\ m_L & \text{für Dieselmotor} \end{cases}$$

Die theoretische Ladungsdichte ist die Dichte bei "Einlaß schließt"!

Im Gegensatz zum Luftaufwand bezeichnet der Liefergrad das Verhältnis der nach Abschluß des Ladungswechsels tatsächlich im Zylinder befindlichen Ladungsmasse im Vergleich zur theoretisch möglichen Ladungsmasse

$$\boxed{\lambda_l = \frac{m_z}{m_{th}} = \frac{m_z}{V_h\,\rho_{th}}}.$$

λ_l ist in erster Linie von der Ventilüberschneidung im Ladungswechsel-OT abhängig. Eine Optimierung des Liefergrades kann mit festen Steuerzeiten nur für eine Drehzahl erfolgen. Variable Ventilsteuerungen, wie z.B. das Vanos-System von BMW oder Schaltsaugrohrsysteme können den Liefergrad für zwei oder mehrere Drehzahlen optimieren. Für Viertaktmotoren mit kleiner Ventilüberschneidung gilt $\lambda_l \approx \lambda_a$.

Der Luftaufwand bzw. der Gemischheizwert sind je nach Arbeitsverfahren maßgebend für den sich einstellenden Mitteldruck des Motors. In diesem Punkt unterscheidet sich grundsätzlich die Leistungsregelung des Ottomotors von dem des Dieselmotors, wie die folgende Überlegung zeigt. Mit den oben angegebenen Beziehungen

$$\text{effektive Arbeit:} \qquad W_e = p_{m,e} V_h$$

$$\text{effektiver Wirkungsgrad:} \qquad \eta_e = \frac{W_e}{m_B H_u}$$

$$\text{Luftaufwand:} \quad \lambda_a = \frac{V_G}{V_h} \quad \text{(bzw.)} \quad \frac{V_L}{V_h}$$

folgt mit $\rho_{th} \approx \rho_G \approx \rho_L$ für den effektiven Mitteldruck

$$p_{m,e} = \frac{W_e}{V_h} = \frac{\eta_e\, m_B\, H_u}{V_h} = \eta_e\, \lambda_a\, \frac{m_B\, H_u}{V_G}$$

$$\boxed{p_{m,e} = \eta_e\, \lambda_a\, H_G}$$

Während beim Ottomotor die Menge des angesaugten Gemisches geregelt wird, wird beim Dieselmotor die Menge des eingespritzten Brennstoffes geregelt. Man spricht deshalb beim Ottomotor von einer Füllungs- oder Quantitätsregelung und beim Dieselmotor von einer Gemisch- oder Qualitätsregelung.

4.1.4 Geometrische Größen

Zusätzlich zu den oben aufgeführten Größen werden im Motorenbau noch einige charakteristische geometrische Größen verwendet. Die mittlere Kolbengeschwindigkeit ist eine für Verbrennungsmotoren charakteristische Geschwindigkeit,

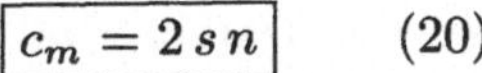

$$c_m = 2\,s\,n \qquad (20)$$

Die Abhängigkeit des Verhältnisses c_{max} zu c_{min} vom Pleuelverhältnis zeigt die nebenstehende Skizze.

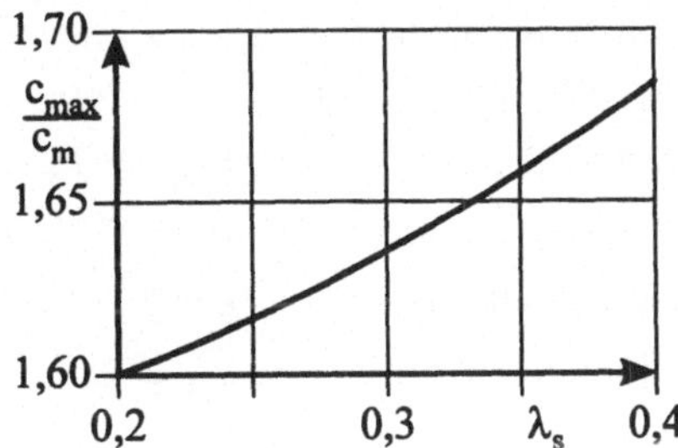

Das Verdichtungsverhältnis ist das auf das Kompressionsvolumen bezogene gesamte Zylindervolumen,

$$\epsilon = 1 + \frac{V_h}{V_c} \qquad (21)$$

Das Hubvolumen (Hubraum) ist die Differenz zwischen Gesamtvolumen und Kompressionsvolumen. Mit dem Kolbenweg s ergibt sich dafür

$$V_h = \frac{\pi}{4} D^2\, s \qquad (22)$$

Als weitere charakteristische Größe wird das Hub/Bohrungsverhältnis

$$\frac{s}{D} \qquad (23)$$

verwendet.

4.2 Ähnlichkeit und Kennwerte

Mit Bezug auf ihre Drehzahl werden Verbrennungsmotoren in Schnelläufer, Mittelschnelläufer und Langsamläufer, mit Bezug auf ihre Baugröße jedoch auch in Fahrzeug-, Industrie- und Großmotoren eingeteilt. Motoren für den Rennsport nehmen dagegen eine gewisse Sonderstellung ein. Insbesondere deshalb, weil dabei extremer Leichtbau und hohe Leistung im Vordergrund stehen. Damit erhält man die in Abb. 47 angegebene Einteilung, wobei zu den dort angegebenen Größen:

- effektiver Mitteldruck $\qquad$ $p_{m,e} = P_e \, / \, (i\,n\,z\,V_h)$

- effektiver Wirkungsgrad $\qquad$ $\eta_e = P_e \, / \, (\dot{m}_B\,H_u)$

- Verdichtungsverhältnis $\qquad$ $\epsilon = 1 + V_h \, / \, V_c$

- mittlere Kolbengeschwindigkeit $c_m = 2\,s\,n$

noch das

- Hubvolumen $\qquad\qquad$ $V_h = \dfrac{\pi}{4}\,D^2\,s$

und das

- Hub-/Bohrungsverhältnis $\qquad$ $s \, / \, D$

hinzukommen.

Typ	$\dfrac{n}{\text{U/min}}$	$\dfrac{p_{m,e}}{\text{bar}}$	η_e	ϵ	$\dfrac{c_m}{\text{m/s}}$
Pkw - Otto	< 6000	8 - 13	0,25 - 0,35	6 - 12	9 - 20
Pkw - Diesel	< 3000	7 - 14	0,30 - 0,40	18 - 22	9 - 16
Lkw - Diesel	< 3000	15 - 20	0,30 - 0,45	10 - 22	9 - 14
Schnelläufer	1000 - 2500	10 - 30	0,30 - 0,45	11 - 20	7 - 12
Mittelschnelläufer	150 - 1000	15 - 25	< 0,5	11 - 15	5 - 10
Langsamläufer	50 - 150	9 - 15	< 0,55	11 - 15	5 - 7
Rennmotoren		12 - 35	- 0,3	7 - 11	< 25

$p_{m,e}$: effektiver Mitteldruck
η_e $\quad$: effektiver Wirkungsgrad
ϵ $\quad$: Verdichtungsverhältnis
c_m $\quad$: mittlere Kolbengeschwindigkeit

Abbildung 47: Einteilung der Verbrennungsmotoren

Diese Einteilung ist sicherlich nicht zwingend und entbehrt auch nicht einer gewissen Willkür, sie ist jedoch zweckmäßig und verständlich. Man kann sie prinzipiell noch um die Kategorien Kleinstmotoren (z.B. für Modellflugzeuge), Kleinmotoren und Motorradmotoren erweitern. Im Hinblick auf Ähnlichkeitsbetrachtungen von Motoren kann zwischen geometrischer und mechanischer Ähnlichkeit unterschieden werden.

In Abb.48 unterscheiden sich die Größen der beiden Motoren durch einen konstanten Faktor. Bei der Extrapolation zu kleineren Motoren hin weicht jedoch der tatsächliche Verlauf vom geometrisch ähnlichen zunehmend ab, weil Wandstärken und Hilfsmaschinen nicht beliebig verkleinert werden können. Bei der Extrapolation zu größeren Motoren hin weicht der Verlauf ebenfalls zunehmend ab, weil sich Konstruktionsprinzipien sinnvoll nicht beliebig extrapolieren lassen. Daher ist die geometrische Ähnlichkeit nur von geringer praktischer Bedeutung, einfach deshalb, weil sich Motoren nicht beliebig vergrößern oder verkleinern lassen. Das kann bestenfalls nur in sehr engen Grenzen durchgeführt werden.

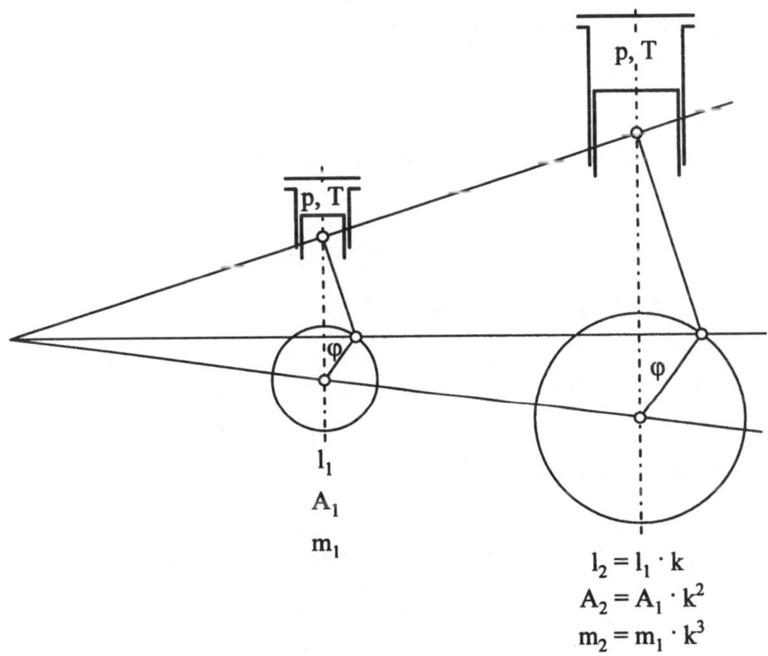

Abbildung 48: Vergleich

Zur Abdeckung eines größeren Leistungsbereiches verwendet man deshalb nicht geometrisch ähnliche Motoren, sondern wendet das sog. Baureihenprinzip an. Unter einer Baureihe versteht man eine Motorfamilie, die unterschiedlich viele Zylinderzahlen (6,8,12,16 und eventuell auch 20) hat, aber in Bezug auf einen Zylinder geometrisch gleich ist. Die Leistung pro Zylinder ist somit konstant.

Wir wollen nun den Begriff der mechanischen Ähnlichkeit näher erläutern. Mechanische Belastungen werden durch die auftretenden Gas- und Massenkräfte verursacht. Mit der Einführung einer charakteristischen Länge l erhält man für die resultierenden Spannungen aus der:

Gaskraft $\qquad \sigma_G = \dfrac{F_G}{l^2} \sim \dfrac{D^2}{l^2} p$

Massenkraft $\quad \sigma_M = \dfrac{F_M}{l^2} = \dfrac{m}{l^2} \ddot{x} \sim \dfrac{D^2\, s^2\, n^2}{l^2} \sim \dfrac{D^2}{l^2} c_m^2.$

Mit $l =\sim D$ folgt daraus:

$$\sigma_G \;\sim\; p \sim p_{m,e}$$
$$\sigma_M \;\sim\; c_m^2$$

Damit folgt, daß Motoren dann als mechanisch ähnlich betrachtet werden können, wenn $p_{m,e}$ und c_m konstant sind! Für geometrisch und mechanisch ähnliche Motoren gilt damit:

$$\frac{s}{D} = \text{const.}, \; p_{m,e} = \text{const.}, \; c_m = \text{const.}$$

Damit lassen sich folgende Kennwerte für Verbrennungsmotoren ableiten:

- Zylinderleistung

$$P_{e,z} = i\, n\, p_{m,e}\, V_h = i\, p_{m,e} \frac{\pi}{4} D^2\, s\, n$$

mit $c_m = 2\, s\, n$ folgt daraus allgemein:

$$P_{e,z} = i\, \tfrac{\pi}{8} p_{m,e}\, c_m\, D^2$$

und für geometrisch und mechanisch ähnliche Motoren schließlich

$$P_{e,z} \sim D^2$$

- Hubraumleistung (Leistungsdichte)

$$\frac{P_e}{V_H} \;=\; i\, n\, p_{m,e} = i\, \frac{c_m}{2s}\, p_{m,e} = \frac{i}{2} \frac{D}{s} c_m\, p_{m,e} \frac{1}{D}$$

$$\frac{P_e}{V_H} \;\sim\; \frac{1}{D}$$

$$\frac{P_e}{V_H} \;\sim\; \frac{1}{D} \sim \left(\frac{1}{V_H}\right)^{\frac{1}{3}} \quad \text{mit } V_H \sim D^3$$

Große Schiffsmotoren haben somit kleine und Rennmotoren dagegen große Hubraumleistungen.

- Leistungsmasse

$$\frac{m}{P_e} \sim \frac{V_H}{P_e} \sim D$$

Mit der Beziehung $P_e \sim D^2$ für die Zylinderleistung folgt damit

$$\frac{m}{P_e} \sim \sqrt{P_e}$$

Große Schiffsmotoren mit hoher Leistung sind damit relativ schwerer als kleine Fahrzeugmotoren.

- Hubraummasse

$$\frac{m}{V_H} = \frac{P_e}{V_H}\frac{m}{P_e} \sim \frac{1}{D}D$$

$$\frac{m}{V_H} = \text{const.}$$

Diese Beziehung ist im Grunde nur eine Kontrolle, denn die Beziehung $m \sim V_H$ wurde ja bereits bei der Leistungsmasse verwendet.

4.3 Motorkennfeld

In Abb.49 ist ein Motorkennfeld qualitativ dargestellt. Aus einem Kennfeld kann das Verhalten bzw. die Charakteristik des Verbrennungsmotors im gesamten Drehzahl-Leistungs-Bereich abgelesen werden. Mit den Beziehungen für die Leistung und für

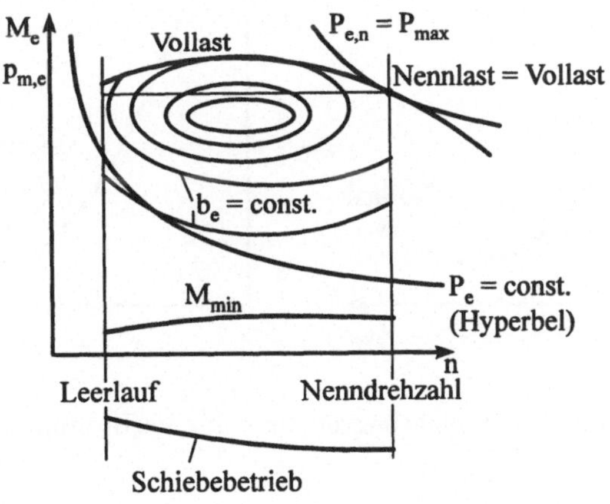

Abbildung 49: Motorkennfeld

das Drehmoment

$$P_e = i\,n\,p_{m,e}\,V_H = M_e\,\omega = M_e 2\pi\,n$$

erhält man die Abhängigkeiten:

$$\text{Leistung:} \quad P_e \sim n\, p_{m,e}$$
$$\text{Last:} \quad M_e \sim p_{m,e}$$

Die Last entspricht dabei dem Drehmoment und nicht der Leistung!

Bei der Kennfeldermittlung werden die Größen M_e, n, $\dot{m}_B$ gemessen und daraus die für das Kennfeld erforderlichen Größen

$$P_e \;=\; M_e\, 2\,\pi\, n$$
$$p_{m,e} \;=\; \frac{P_e}{i\, n\, V_H} = \frac{2\pi}{i}\, \frac{M_e}{V_H}$$
$$b_e \;=\; \frac{\dot{m}_B}{P_e} = \frac{\dot{m}_B}{M_e\, 2\,\pi\, n}$$

berechnet. Der Anstieg des spezifischen Brennstoffverbrauches im Teillastbereich bei konstanter Drehzahl und sinkender Last wird durch die folgende Überlegung

$$\frac{b_e}{b_i} = \frac{P_i}{P_e} = \frac{P_e + P_r}{P_e} = 1 + \frac{P_r}{P_e} \Rightarrow 1 + \frac{p_{m,r}}{p_{m,e}}$$

verständlich. Bei konstantem Reibmitteldruck $p_{m,r}$ muß b_e mit sinkendem effektiven Mitteldruck $p_{m,e}$ ansteigen. Die maximale Leistung wird beim Ottomotor durch die größte mögliche Zylinderfüllung (Drosselklappe vollständig geöffnet)und beim Dieselmotor durch die maximal zulässige Brennstoffmasse, die durch einen Sicherheitsabstand zur Rußgrenze bestimmt wird, festgelegt, siehe Abb.50.

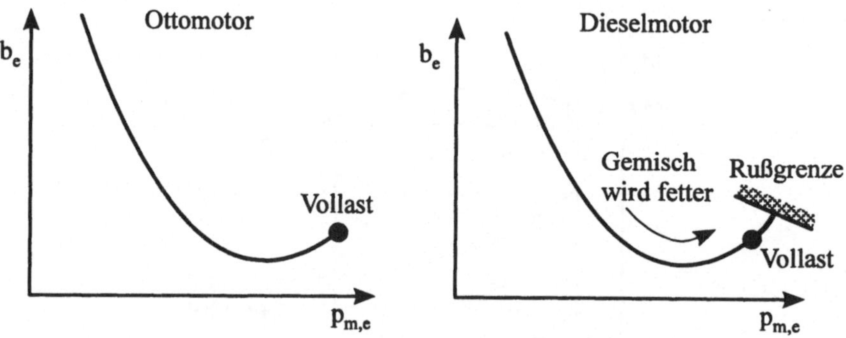

Abbildung 50: Vollastbegrenzung des Verbrennungsmotors

Ideal wäre es, wenn bei allen Fahrzeuggeschwindigkeiten die maximale Leistung zur Verfügung stünde. Praktisch ist das jedoch nicht möglich, deshalb werden Stufenschaltgetriebe oder Drehmomentwandler benötigt.

Die Elastizität E des Verbrennungsmotors wird entweder mit

$$E = \frac{M_{max}}{M_n} \frac{n_n}{n_{M_{max}}}$$

oder mit der Kurve $P_e = const.$ im Nennlastpunkt

$$E^* = - \left(\frac{dM}{dn}\right)_{n_n}$$

beschrieben, siehe Abb.51.

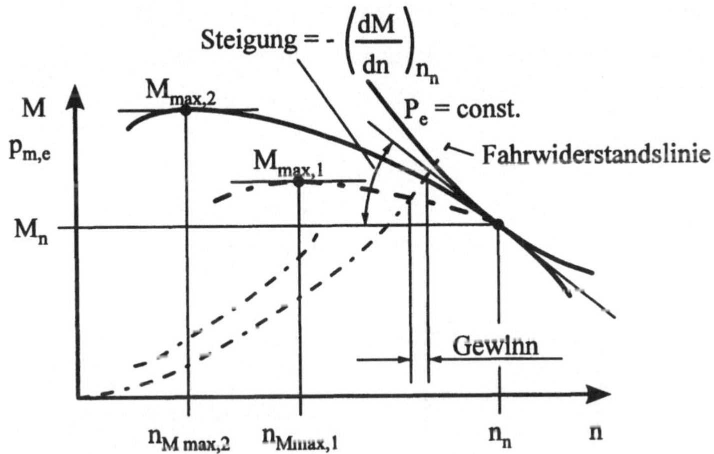

Abbildung 51: Definition der Elastizität

Die beiden Motoren besitzen die gleiche Nennleistung. Jedoch fällt die Drehzahl des elastischeren Motors bei einem gegebenen Widerstand nicht so stark ab (Gewinn). Der Fahrer hat den Eindruck, daß ein sehr elastischer Motor sich selbständig an ein zunehmendes Widerstandsmoment anpaßt.

5 Motoren-Thermodynamik

5.1 Geschlossene Kreisprozesse

Die einfachsten Modelle für den tatsächlichen Motorprozeß sind geschlossene, innerlich reversible Kreisprozesse mit Wärmezu- und -abfuhr, die durch folgende Eigenschaften gekennzeichnet sind:

- die chemische Umwandlung der Brennstoffe infolge <u>Verbrennung</u> wird durch eine entsprechende <u>Wärmezufuhr</u> ersetzt,

- der <u>Ladungswechsel</u> wird durch eine entsprechende <u>Wärmeabfuhr</u> ersetzt,

- als Arbeitsmedium wird Luft gewählt, die als ideales Gas betrachtet wird.

5.1.1 Carnot Prozeß

Der in Abb.52 dargestellte Carnot-Prozeß ist der Kreisprozeß mit dem höchsten thermischen Wirkungsgrad und somit der Idealprozeß.

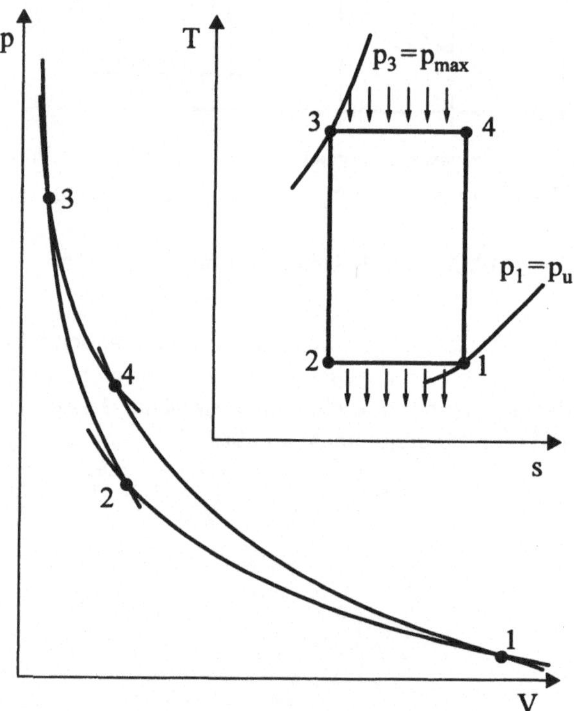

Abbildung 52: Carnot-Prozeß

Für den thermischen Wirkungsgrad des Carnot-Prozesses

$$\eta_{th,c} = 1 - \frac{q_{ab}}{q_{zu}}$$

erhält man mit

$$q_{zu} = T_3(s_4 - s_3)$$
$$q_{ab} = T_1(s_1 - s_2)$$

und unter Beachtung von $s_2 = s_3$ und $s_1 = s_4$ schließlich

$$\boxed{\eta_{th,c} = 1 - \frac{T_1}{T_3} = f(\frac{T_1}{T_3})}.$$

Der Carnot-Prozeß läßt sich in Verbrennungsmotoren jedoch praktisch nicht verwirklichen, weil dabei folgende Probleme auftreten:

- die isotherme Expansion mit q_{zu} bei $T_3 = const.$ und die isotherme Kompression mit q_{ab} bei $T_1 = const.$ sind praktisch nicht durchführbar,

- um einen guten Wirkungsgrad zu erreichen, müßte das Druckverhältnis unrealistisch hoch sein, z.B. $p_3/p_1 = 200$ für $\eta_{th} = 0,6$,

- die Fläche im p,v-Diagramm und damit die innere Arbeit ist selbst bei hohen Druckverhältnissen so klein, daß bestenfalls gerade die innere Reibung der Maschine überwunden werden kann.

Wir wollen den letzten Punkt näher beleuchten und berechnen dazu den Mitteldruck des Prozesses, für den definitionsgemäß gilt

$$p_m = \frac{w}{v_1 - v_3}.$$

Für die zu- und abgeführten Wärmemengen bei isothermer Verdichtung bzw. Expansion gilt

$$q_{zu} = q_{34} = R\,T_3\,ln\,\frac{p_3}{p_4}$$
$$q_{ab} = q_{12} = R\,T_1\,ln\,\frac{p_2}{p_1}$$

Mit dem thermisch und kalorisch idealen (perfekten) Gas erhält man für die Isentrope

$$\frac{p_3}{p_2} = \left(\frac{T_3}{T_2}\right)^{\frac{\kappa}{\kappa-1}} \quad \text{und} \quad \frac{p_4}{p_1} = \left(\frac{T_4}{T_1}\right)^{\frac{\kappa}{\kappa-1}}$$

woraus wegen $T_1 = T_2$ und $T_3 = T_4$

$$\frac{p_3}{p_2} = \frac{p_4}{p_1} \quad \text{bzw.} \quad \frac{p_3}{p_4} = \frac{p_2}{p_1}$$

folgen.

Für den Mitteldruck erhält man damit zunächst

$$p_m = \frac{R(T_3 - T_1)\, ln\dfrac{p_3}{p_4}}{v_1 - v_3}$$

und weiter mittels einfacher Umformung

$$p_m = \frac{R T_1 \left(\dfrac{T_3}{T_1} - 1\right) ln\left(\dfrac{p_3}{p_1}\dfrac{p_1}{p_4}\right)}{v_1 \left(1 - \dfrac{v_3}{v_1}\right)}.$$

Mit

$$\frac{p_1}{p_4} = \left(\frac{T_1}{T_4}\right)^{\frac{\kappa}{\kappa - 1}} \quad \text{und} \quad \frac{v_3}{v_1} = \frac{T_3}{T_1}\frac{p_1}{p_3}$$

folgt daraus schließlich

$$\boxed{\frac{p_m}{p_1} = \frac{\dfrac{p_3}{p_1}\left(\dfrac{T_3}{T_1} - 1\right)\left(ln\dfrac{p_3}{p_1} - \dfrac{\kappa}{\kappa - 1}\, ln\dfrac{T_3}{T_1}\right)}{\dfrac{p_3}{p_1} - \dfrac{T_3}{T_1}}}.$$

Diese Funktion hat zwei Nullstellen, nämlich

$$\frac{T_3}{T_1} = 1: \qquad \text{d.h. } q_{zu} = q_{ab} \text{ und damit } w = 0$$

$$\frac{T_3}{T_1} = \left(\frac{p_3}{p_1}\right)^{\frac{\kappa - 1}{\kappa}}: \qquad$$ das Temperaturverhältnis ist dabei so, daß die Linie für die isentrope Kompression und diejenige für die isentrope Expansion zusammenfallen; d.h. die Isothermen schrumpfen zu einem Punkt zusammen.

Zwischen diesen beiden Nullstellen muß die Funktion einen Extremwert haben (in diesem Fall ein Maximum), für den gilt

$$\frac{\partial\left(\dfrac{p_m}{p_1}\right)}{\partial\left(\dfrac{T_3}{T_1}\right)} = 0 \quad : \quad \frac{p_m}{p_1} \to \max..$$

Damit erhält man die Beziehung

$$\left(\frac{p_3}{p_1} - 1\right) ln\frac{T_3}{T_1} - \frac{T_3}{T_1} - \frac{\dfrac{p_3}{p_1}}{\dfrac{T_3}{T_1}} = \frac{\kappa - 1}{\kappa}\left(\frac{p_3}{p_1} - 1\right) ln\frac{p_3}{p_1} - \frac{p_3}{p_1} - 1$$

aus der T_3/T_1 für den Extremwert berechnet werden kann. Die Beziehung

$$\frac{p_m}{p_1} = f(\frac{T_3}{T_1}, \frac{p_3}{p_1}, \kappa)$$

mit Nullstellen und Extremwert ist in Abb.53 für $\kappa = 1,4$ graphisch dargestellt. Für die drei vorgegebenen Druckverhältnisse 100, 150 und 200 folgt daraus für p_m/p_1 und η_{th}:

p_3 / p_1	100	150	200
T_3 / T_1	2,18	2,36	2,51
p_m / p_1	2,27	2,77	23,18
η_{th}	0,54	0,56	0,60

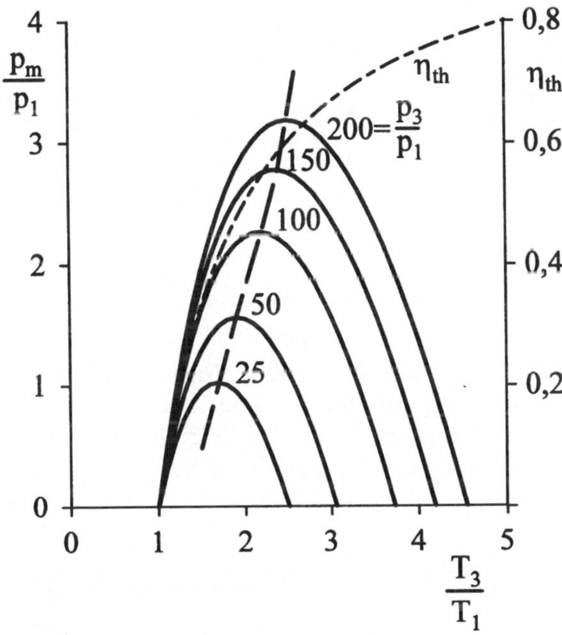

Abbildung 53: Mitteldruck des Carnot-Prozeß

Während der thermische Wirkungsgrad relativ hohe Werte erreicht, beträgt selbst für einen Zünddruck von 200 *bar* der erreichbare Mitteldruck nur $p_m = 3,18 \cdot p_1$. Die gewinnbare Arbeit ist also so gering, daß ein den Carnot-Prozeß verwirklichender Motor bestensfalls die innere Reibung überwinden könnte und damit praktisch keine Leistung abgeben kann.

Der Carnot-Prozeß ist deshalb nur als theoretischer Vergleichsprozeß von Interesse. Auf seine fundamentale Bedeutung im Zusammenhang mit Betrachtungen zur Exergie kann hier nur hingewiesen werden.

5.1.2 Gleichraumprozeß

Der thermodynamisch günstigste und im Prinzip auch zu verwirklichende Kreisprozeß ist der Gleichraumprozeß (siehe Abb.54). Im Gegensatz zum Carnot-Prozeß
vermeidet er die isotherme Expansion und Kompression und das unrealistisch hohe
Druckverhältnis. Er besteht aus zwei Isentropen und zwei Isochoren.

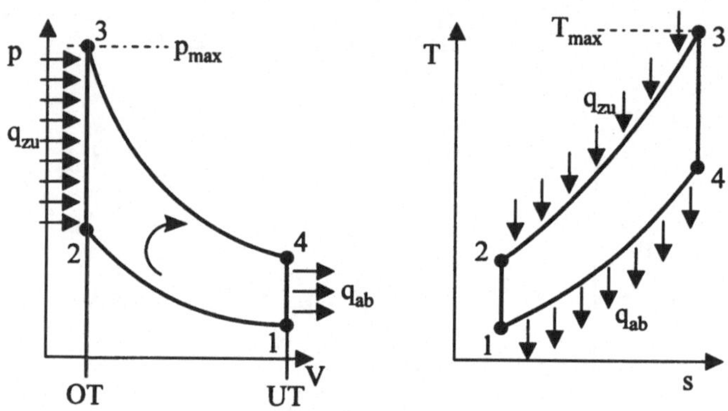

Abbildung 54: p-v- und T-s-Diagramm Gleichraumprozeß

Der Prozeß wird als Gleichraumprozeß bezeichnet, weil die Wärmezufuhr (statt
Verbrennung) bei gleichem Raum, d.h. bei konstantem Volumen erfolgt. Weil sich
der Kolben kontinuierlich bewegt, müßte die Wärmezufuhr unendlich schnell, d.h.
schlagartig erfolgen - das ist jedoch praktisch nicht durchführbar. Für den thermischen Wirkungsgrad dieses Prozesses folgt:

$$\eta_{th,v} = 1 - \frac{q_{ab}}{q_{zu}} = 1 - \frac{c_v(T_4 - T_1)}{c_v(T_3 - T_2)} = 1 - \frac{T_1}{T_2}\frac{\dfrac{T_4}{T_1} - 1}{\dfrac{T_3}{T_2} - 1}$$

Mit den thermodynamischen Beziehungen

$$\left. \begin{array}{rcl} \dfrac{T_2}{T_1} & = & \left(\dfrac{v_1}{v_2}\right)^{\kappa-1} \\[3mm] \dfrac{T_3}{T_4} & = & \left(\dfrac{v_4}{v_3}\right)^{\kappa-1} = \left(\dfrac{v_1}{v_2}\right)^{k-1} \end{array} \right\} = \dfrac{T_4}{T_1} = \dfrac{T_3}{T_2}$$

$$\frac{v_2}{v_1} = \frac{1}{\epsilon}$$

folgt schließlich für den thermischen Wirkungsgrad des Gleichraumprozesses

$$\boxed{\eta_{th,v} = 1 - \left(\frac{1}{\epsilon}\right)^{\kappa-1}}$$

$$(24)$$

Diese in Abb.55 dargestellte Beziehung macht deutlich, daß ab einem bestimmten Verdichtungsverhältnis keine deutliche Erhöhung des thermischen Wirkungsgrades mehr erreichbar ist.

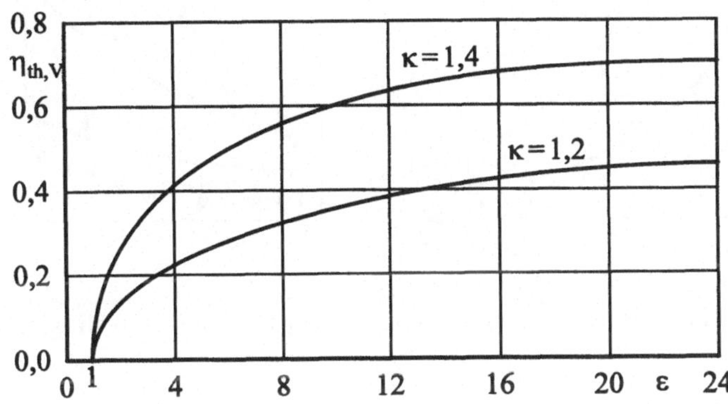

Abbildung 55: Thermischer Wirkungsgrad des Gleichraumprozesses

Für den Mitteldruck des Gleichraumprozesses ergibt sich entsprechend

$$p_m = \frac{w}{v_1 - v_2}$$

die Beziehung

$$p_m = p_1\,\eta_{th,v}\,\frac{\epsilon}{\epsilon - 1}\,\frac{\epsilon^{\kappa-1}}{\kappa - 1}\,\left(\frac{p_3}{p_1} - 1\right) \tag{25}$$

5.1.3 Gleichdruckprozeß

Bei hochverdichteten Motoren ist der Verdichtungsenddruck p_2 bereits sehr hoch. Um den Druck nicht weiter ansteigen zu lassen, wird die Wärmezufuhr (statt Verbrennung) bei konstantem Druck statt konstantem Volumen durchgeführt. Der Prozeß setzt sich damit aus zwei Isentropen, einer Isobaren und einer Isochoren zusammen (siehe Abb.56). Für den thermischen Wirkungsgrad gilt wieder

$$\eta_{th,p} = 1 - \frac{q_{ab}}{q_{zu}} = 1 - \frac{c_v(T_4 - T_1)}{q_{zu}}.$$

Im Gegensatz zum Gleichraumprozeß treten jetzt aber drei ausgezeichnete Volumina auf. Deshalb ist ein weiterer Parameter zur Festlegung von $\eta_{th,p}$ notwendig. Zweckmäßigerweise wählt man dafür

$$q^* = \frac{q_{zu}}{c_p T_1}.$$

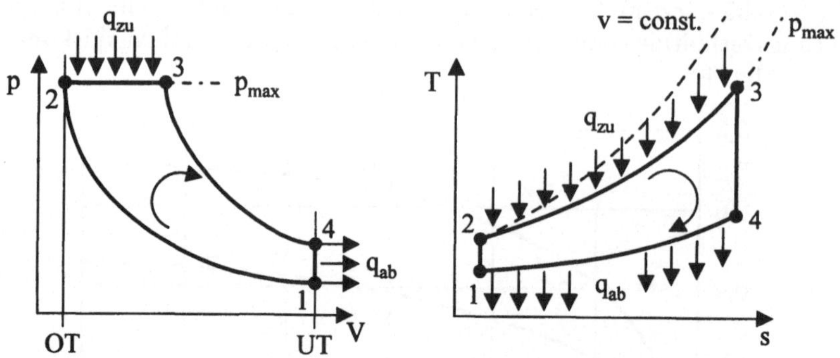

Abbildung 56: Gleichdruckprozeß im p,v- und T,s-Diagramm

Damit erhält man zunächst

$$\eta_{th,p} = 1 - \frac{c_v(T_4 - T_1)}{c_p\,T_1\,q^*} = 1 - \frac{1}{\kappa\,q^*}\left(\frac{T_4}{T_1} - 1\right)$$

und für $\dfrac{T_4}{T_1}$ nach etwas längerer Rechnung

$$\frac{T_4}{T_1} = \left(\frac{q^*}{\epsilon^{\kappa-1}} + 1\right)^{\kappa}$$

und damit schließlich

$$\boxed{\eta_{th,p} = 1 - \frac{1}{\kappa\,q^*}\left[\left(\frac{q^*}{\epsilon^{\kappa-1}} + 1\right)^{\kappa} - 1\right]}.\tag{26}$$

Der Verlauf des thermischen Wirkungsgrades des Gleichdruckprozesses in Abhängigkeit von ϵ und q^* ist ebenfalls in Abb.57 dargestellt.

Für den Mitteldruck des Gleichdruckprozesses ergibt sich mit

$$\phi = \frac{T_3}{T_2} = \frac{v_3}{v_2}$$

der Ausdruck

$$\boxed{p_m = p_1\,\eta_{th,p}\,\frac{\epsilon}{\epsilon - 1}\,\frac{\kappa\,\epsilon^{\kappa-1}}{\kappa - 1}\,(\phi - 1)}.\tag{27}$$

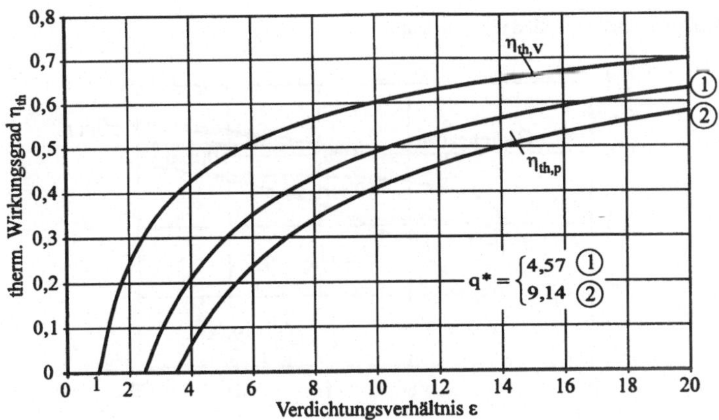

Abbildung 57: Thermischer Wirkungsgrad in Abhängigkeit von ϵ

5.1.4 Seiligerprozeß

Der in Abb.58 dargestellte Seiligerprozeß stellt eine Kombination aus Gleichraum-
und Gleichdruckprozeß dar. Man verwendet diesen Vergleichsprozeß wenn bei ge-
gebenem Verdichtungsverhältnis zusätzlich der Höchstdruck begrenzt werden soll.
Die Wärmezufuhr (statt Verbrennung) erfolgt isochor und isobar. Mit dem Druck-

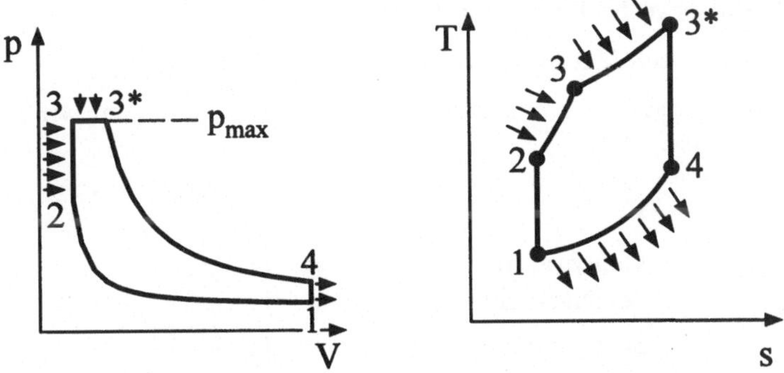

Abbildung 58: Der Seiligerprozeß im p,v- und T,s-Diagramm

verhältnis $\pi = p_3/p_1$ erhält man schließlich für den thermischen Wirkungsgrad die
Beziehung

$$\eta_{th,vp} = 1 - \frac{1}{\kappa q^*}\left\{\left[q^* - \frac{1}{\kappa\epsilon}(\pi - \epsilon^\kappa) + \frac{\pi}{\epsilon}\right]^\kappa\left(\frac{1}{\pi}\right)^{\kappa-1} - 1\right\}, \tag{28}$$

die in Abb.59 graphisch dargestellt ist.

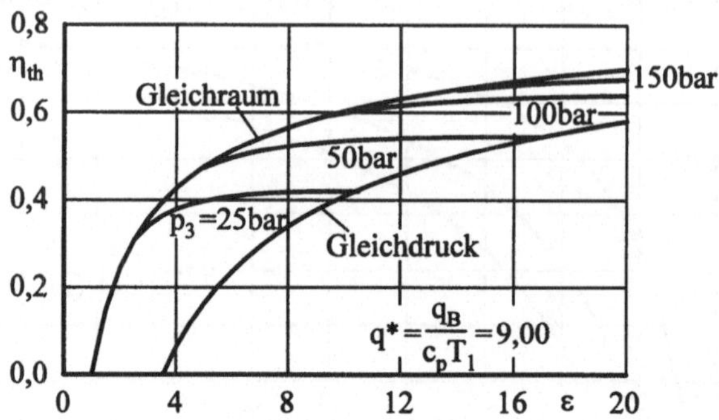

Abbildung 59: Thermischer Wirkungsgrad des Seiligerprozesses

Auf die Ableitung des Mitteldruckes wird hier verzichtet, weil er zwischen dem Gleichraum- und dem des Gleichdruckprozesses liegen muß.

5.1.5 Vergleich der Kreisprozesse

Die wesentlichen Voraussetzungen für die besprochenen Kreisprozesse waren:

- Die Verbrennung wird durch Q_{zu} ersetzt.

- Der Ladungswechsel wird durch Q_{ab} ersetzt.

- Das Kreisprozeß-Medium wird als ideales Gas betrachtet.

Für die Wirkungsgrade der einzelnen Vergleichsprozesse haben wir folgende Abhängigkeit erhalten:

$$
\begin{aligned}
\text{Carnot:} \qquad & \eta_{th,c} = f\left(\frac{T_1}{T_3}\right) \\
\text{Gleichraum:} \qquad & \eta_{th,v} = f(\epsilon) \\
\text{Gleichdruck:} \qquad & \eta_{th,p} = f(\epsilon, q^*) \\
\text{Seiligerprozeß:} \qquad & \eta_{th,vp} = f(\epsilon, q^*, \frac{p_3}{p_1})
\end{aligned}
$$

In Abb.60 sind der Gleichraum-, der Gleichdruck- und der Seiligerprozeß zusammen in einem p,ν- und T,s- Diagramm dargestellt. Der Gleichraumprozeß hat den höchsten und der Gleichdruckprozeß den niedrigsten Wirkungsgrad. Der Wirkungsgrad des Seiligerprozesses liegt dazwischen. Bei diesem Vergleich sind das Verdichtungsverhältnis und die zugeführte Wärmemenge für alle drei Kreisprozesse gleich groß. Damit wird deutlich, daß beim Seiligerprozeß etwas und beim Gleichungsprozeß deutlich mehr Wärme abgeführt werden muß als beim Gleichraumprozeß und deshalb die thermischen Wirkungsgrade dieser Prozesse niedriger sind.

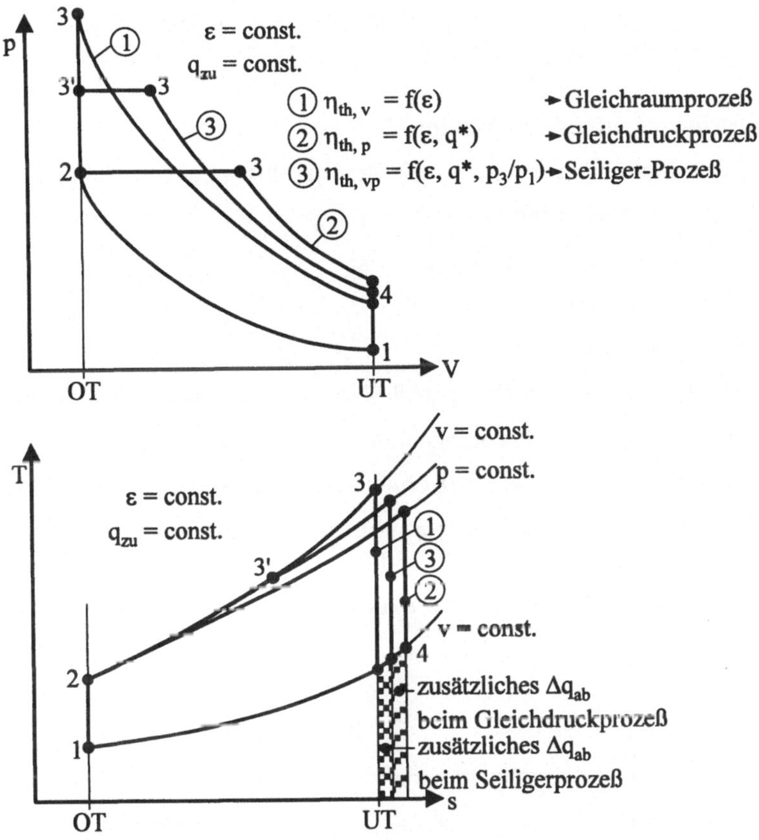

Abbildung 60: Vergleich der geschlossenen Kreisprozesse

5.2 Offene Vergleichsprozesse

5.2.1 Prozeß des vollkommenen Motors

Die einfachen Kreisprozesse weichen doch zum Teil erheblich vom realen Motorprozeß ab, so daß keine detaillierten Aussagen über den tatsächlichen Motorprozeß möglich sind. Deshalb benutzt man für detaillierte Untersuchungen offene Vergleichsprozesse, die statt der Wärmezu- und -abfuhr der geschlossenen Kreisprozesse die chemische Umwandlung der Verbrennung berücksichtigen.

Ein häufig verwendeter offener Vergleichsprozeß ist der Prozeß des vollkommenen Motors, der in Abb.61 dargestellt und durch folgende Randbedingungen festgelegt ist:

- verlustfreier Ladungswechsel im UT

    * Frischladung (Luft oder Luft-Brennstoff-Gemisch) erscheint bei Pkt. 1

    * Abgase verschwinden bei Pkt. 4

- Brennraumbegrenzungen sind adiabat

- isentrope Kompression

- isentrope Expansion

- Frischladung bzw. Luft-Brennstoff-Gemisch wird als ideales Gas betrachtet

- Verbrennung läuft nach vorgegebener Gesetzmäßigkeit ab,

    * vollständige Verbrennung ohne oder mit Dissoziation der Abgase

    * unvollständige Verbrennung, d.h. Verbrennungsprodukte sind im thermodynamischen Gleichgewicht

- Liefergrad λ_l ist gleich dem des realen Motors

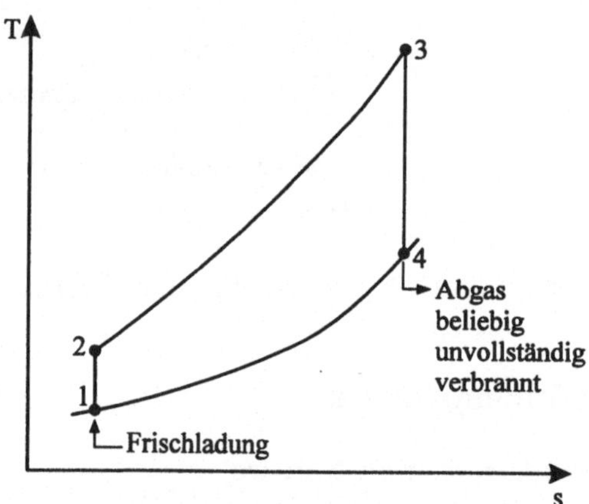

$1 \rightarrow 2$:   reversible Verdichtung

$2 \rightarrow 3$:   Energiefreisetzung infolge Verbrennung,
               keine Energieverluste infolge Wärmeübertragung

$3 \rightarrow 4$:   reversible Expansion

4 :   Abgaskomponenten infolge
         vollständiger Verbrennung : CO_2, H_2O, N_2, O_2
         unvollständiger Verbrennung : zusätzlich NO_x, CO, HC,

Abbildung 61: Prozeß des vollkommenen Motors

Weil der Hochdruckprozeß als geschlossen betrachtet wird, gilt dafür

$$U_4 - U_1 = W_v + Q_v$$

Weil der Brennraum als adiabat betrachtet wird, gilt $Q_v = 0$, und damit folgt für den thermischen Wirkungsgrad

$$\eta_v = \frac{|W_v|}{m_B H_u} = \frac{U_1 - U_4}{m_B H_u}$$

Eine Messung im Kalorimeter ergibt

$$U_1 - U_4^* = m_B H_u,$$

wobei U_4^* die innere Energie des Abgases bei Rückkühlung auf die Temperatur T_1 bedeutet. Damit folgt weiter

$$\eta_v = \frac{U_1 - U_4^* - U_4 + U_4^*}{m_B H_u} = 1 - \frac{U_4 - U_4^*}{m_B H_u} = 1 - \frac{q_A}{m_B H_u}.$$

Die innere Energie der Verbrennungsgase beim Verlassen des Motors (Zustand 4) ist größer als die, die sich bei vollständiger Verbrennung und Abkühlung der Verbrennungsprodukte auf T_1 ergibt.

$U_1 - U_4^*$. Mit dem ausströmenden Abgas dem Prozeß verlorengehende innere Energie, entspricht beim geschlossenen Kreisprozeß der abgeführten Wärmemenge q_A.

U_1:   wird aus der Zusammensetzung der Frischladung berechnet

U_4:   zur Ermittlung von U_4 müssen die Zwischenzustände 3 und 4 berechnet werden.

Auf die detaillierte Betrachtung der Zwischenzustände 3 und 4 kann hier nicht eingegangen werden. Der daran interessierte Leser sei z.B. auf [5] verwiesen.

5.2.2 Energiefreisetzung durch die Verbrennung

• Vollständige Verbrennung

Brennstoffe für Verbrennungsmotoren, (Benzin, Diesel- und Gasöle) bestehen aus Kohlenwasserstoff-Verbindungen. Wird der Schwefelgehalt vernachlässigt, so gelten bei vollständiger Verbrennung die Bruttoreaktionsgleichungen

$$H_2 + \frac{1}{2}O_2 \quad \to \quad H_2O$$
$$C + O_2 \quad \to \quad CO_2$$

Bei vollständiger Verbrennung von Kohlenwasserstoffen entstehen also nur die beiden Komponenten CO_2 und H_2O. Die Verbrennung von $1\,kmol\,H_2$ und $1\,kmol\,C$ erfordern also $(1 + 1/2)\,kmol\,O_2$. Besteht $1\,kg$ Brennstoff aus $h\,kg\,H_2$ und $c\,kg\,C$, wobei gilt

$$c + h = 1,$$

dann sind zur vollständigen Verbrennung mindestens notwendig

$$n_{O_2}^{min} = h\frac{kgH_2}{kgBS} \cdot \frac{kmolH_2}{2kgH_2} \cdot \frac{1}{2}\frac{kmolO_2}{kmolH_2} + c\frac{kgC}{kgBS} \cdot \frac{kmolC}{12kgC} \cdot 1\frac{kmolO_2}{kmolC}$$

$$= (\frac{h}{4} + \frac{c}{12})\frac{kmolO_2}{kgBS}.$$

Enthält der Brennstoff auch Schwefel und Sauerstoff, dann gilt ganz allgemein

$$\boxed{n_{O_2}^{min} = (\frac{h}{4} + \frac{c}{12} + \frac{s}{32} - \frac{o}{32})\frac{kmolO_2}{kgBS}}$$

wobei die angegebenen Zahlenwerte die Molmassen von H_2, C, S, und O_2 in $kg/kmol$ bedeuten. In der nachstehenden Tabelle sind zusätzlich noch die Molmassen von Wasser (H_2O) und Kohlendioxid (CO_2) mit angegeben.

Stoff	H_2	C	S	O_2	H_2O	CO_2
Molmasse	2	12	32	32	18	44

Wird nicht reiner Sauerstoff sondern Luft zugeführt, dann gilt wegen 1 $kmol$ Luft $= 0,21\, kmol\, O_2 + 0,79\, kmol\, N_2$

$$n_L^{min} = \frac{n_{O_2}^{min}}{0,21}.$$

Mit dem Luftverhältnis

$$\lambda = \frac{n_L}{n_L^{min}}$$

erhält man schließlich für die erforderliche Luftmenge

$$\boxed{n_L = \frac{\lambda}{0,21}(\frac{h}{4} + \frac{c}{12} + \frac{s}{32} - \frac{o}{32})\frac{kmol\,\text{Luft}}{kg\,\text{BS}}}.$$

Bei vollständiger Verbrennung führt eine Abgasanalyse auf folgende Anteile:

$$n_{CO_2} = \frac{c}{12}\frac{kmol\,CO_2}{kg\,\text{BS}}$$

$$n_{H_2O} = \frac{h}{2}\frac{kmol\,H_2}{kg\,\text{BS}}$$

$$n_{O_2} = (\lambda - 1) \cdot 0,21 \cdot n_L^{min}$$

$$n_{N_2} = \lambda \cdot 0,79 \cdot n_L^{min}$$

Damit erhält man die Abgasmenge

$$\boxed{n_{AG} = \frac{c}{12} + \frac{h}{2} + (\lambda - 0,21)n_L^{min}}.$$

Daraus folgt für das Molverhältnis von Abgas zu Frischluft

$$\delta = \frac{kmol\,\text{AG}}{kmol\,\text{Luft}} = 1 + \frac{\frac{c}{12} + \frac{h}{2} - 0,21 \cdot n_L^{min}}{\lambda \cdot n_L^{min}}$$

Für $c = 0,87$ und $h = 0,13$ folgt damit für $\lambda = 1,7$ das Molverhältnis $\delta = 1,038$. Das Molvolumen des Abgases ist also um 3,8% größer als das Molvolumen der Frischluft.

- Unvollständige/unvollkommene Verbrennung

Man unterscheidet die Begriffe vollständige/ unvollständige und vollkommene/ unvollkommene Verbrennung:

1. Für Luftverhältnisse $\lambda \geq 1$ könnte der Brennstoff theoretisch vollständig verbrennen, d.h. die zugeführte Energie $m_B H_u$ wird vollständig in thermische Energie umgewandelt:

$$Q_{max} = Q_{theoret} = m_B H_u$$

2. Tatsächlich läuft jedoch auch für Luftverhältnisse $\lambda \geq 1$ die Verbrennung maximal bis zum chemischen Gleichgewicht, also immer unvollständig ab. Dadurch entstehen auch für $\lambda > 1$ immer CO und nicht vollständig verbrannte Kohlenwasserstoffe.

3. Für Luftverhältnisse $\lambda < 1$ kann der Brennstoff infolge von O_2-Mangel nicht vollständig verbrennen. Bei dieser unvollständigen Verbrennung läuft die Verbrennung bestenfalls bis zum chemischen Gleichgewicht.

4. Bei allen Luftverhältnissen kann die Verbrennung darüber hinaus unvollkommen ablaufen, sei es, daß der vorhandene Sauerstoff nicht hinreichend optimal verteilt ist (Gemischbildung), sei es, daß einzelne Reaktionen (z.B. die NO-Bildung) langsam ablaufen und dadurch das chemische Gleichgewicht nicht erreicht wird. Im Abgas findet man deshalb neben CO_2 und H_2O auch Kohlenmonoxid, unverbrannte Kohlenwasserstoffe, Rußpartikel und Stickstoffverbindungen.

Nach [6] läßt sich für den Umsetzungsgrad schreiben

$$\eta_{u,ges} = \eta_{u,ch} \cdot \eta_u$$

$\eta_{u,ch}$: Umsetzungsgrad infolge unvollständiger Verbrennung (Oxidation) des Brennstoffs bis zum chemischen Gleichgewicht

η_u: Umsetzungsgrad infolge unvollkommener Verbrennung

Anhand reaktionskinetischer Abschätzungen geben [7] für den Umsetzungsgrad $\eta_{u,ch}$ die Bezeichnung

$$\eta_{u,ch} = \begin{cases} 1 & \text{für} \quad \lambda \leq 1 \\ 1,3773\,\lambda - 0,3773 & \text{für} \quad \lambda \geq 1 \end{cases} \quad \text{an.}$$

Die Verhältnisse sind in Abb.62 anschaulich erläutert.

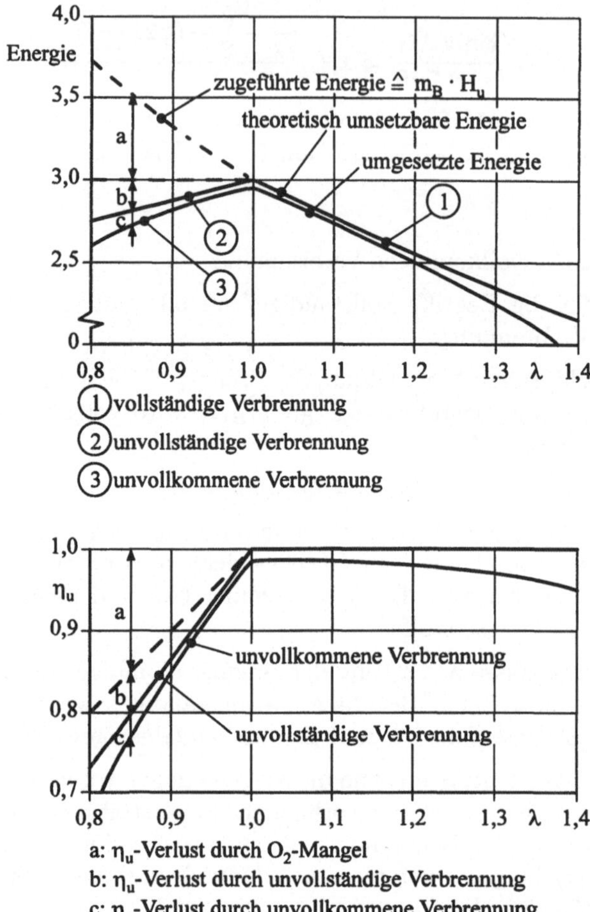

Abbildung 62: Energiefreisetzung und Umsetzungsgrad

5.3　Realer Motorprozeß

5.3.1　Abweichung vom Idealprozeß

Ausgehend vom Prozeß des vollkommenen Motors kann der effektive Wirkungsgrad des realen Motorprozesses durch schrittweises Fallenlassen der einzelnen Idealisierungen ermittelt werden. Zweckmäßigerweise werden die einzelnen Verluste dabei durch entsprechende Abschläge am Mitteldruck berücksichtigt.

Liefergrad $p_{m,\lambda}$　　　　　　　Verlust des vollkommmenen Motors, weil die tatsächliche Zylinderfüllung bei "Einlaß schließt" kleiner als die ideale des vollkommenen Motors ist.

Verbrennung $p_{m,VB}$	Verlust infolge unvollständiger bzw. unvollkommener Verbrennung
Wärmeübertragung $p_{m,W}$	Wärmeverluste durch Wärmeübertragung an die brennraumbegrenzenden Wände
Ladungswechsel $p_{m,LW}$	Strömungswiderstände (Druckverluste) in den Leitungs- und Steuerorganen (Ventile)
Blow-by $p_{m,Bb}$	Durchblaseverluste zwischen Kolbenringverband und Zylinderlaufbuchse
Reibung $p_{m,r}$	Triebwerksreibung (Kolben-Kolbenringe-Laufbuchse, Lager) und Hilfsantriebe (Ventiltrieb, Öl- und Wasserpumpe, ggf. Einspritzpumpe)

Damit erhält man für den effektiven Mitteldruck des realen Motorprozesses:

$$p_{m,e} = p_{m,v} - p_{m,\lambda} - p_{m,VB} - p_{m,W} + p_{m,LW} - p_{m,Bb} - p_{m,r}$$

$$p_{m,e} = p_{m,i,HD} + p_{m,LW} - p_{m,r}$$

$$p_{m,e} = p_{m,i} - p_{m,r}$$

Zur Veranschaulichung der Abweichung vom Idealprozeß bzw. die Aufteilung der insgesamt zugeführten Energie wird in Abb.63 dargestellt.

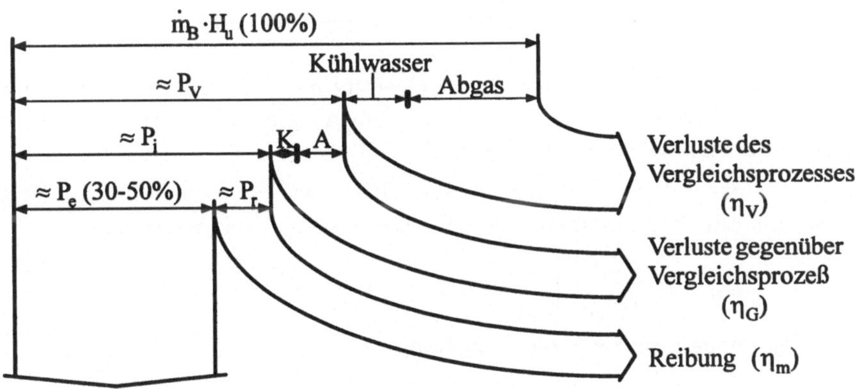

Abbildung 63: Sankey-Diadramm

5.3.2   VIBE-Ersatzbrennverlauf

Bei der Wärmefreisetzung infolge der Verbrennung unterscheidet man zwischen dem Brennverlauf

$$\frac{dE_B}{d\varphi} = f(\varphi, m)$$

und dem Summenbrennverlauf- oder der Druckbrennfunktion

$$E_B = \int f(\varphi) \cdot d\varphi = F(\varphi, m)$$

Ausgehend von Dreiecksbrennverläufen hat [8] anhand reaktionskinetischer Überlegungen die Beziehung

$$\frac{E_B}{E_{B,ges}} = 1 - exp(-ay^{m+1})$$

angegeben, wobei $E_{B,ges}$ die maximal freisetzbare Wärmemenge

$$E_{B,ges} = m_B \cdot H_u$$

und y entsprechend

$$y = (\varphi - \varphi_{BB})/\Delta\varphi_{BD}$$
$$\Delta\varphi_{BD} = \varphi_{BE} - \varphi_{BB}$$

einen dimensionslosen Ausdruck für den Kurbelwinkel darstellt. Für den Umsetzungsgrad gilt dabei die oben angegebene Beziehung

$$\eta_{u,ges} = \left.\frac{E_B}{E_{B,ges}}\right|_{y=1} = f(\lambda, \text{Brennverlauf}).$$

Im Abb.64 sind der Brennverlauf (Energiefreisetzung $f(\varphi, m)$) und der Summenbrennverlauf $F(\varphi, m)$ in Abhängigkeit des dimensionslosen Kurbelwinkels y für verschiedene Formparameter m dargestellt.

Am Ende der Brenndauer, d.h. bei $\varphi = \varphi_{BE}$ bzw. bei $y = 1$ sollen $\eta_{u,ges}$ - Prozent der insgesamt mit dem Brennstoff zugeführten Energie freigesetzt sein,

$$\left.\frac{E_B}{E_{B,ges}}\right|_{y=1} = \eta_{u,ges} = 1 - exp(-a).$$

Daraus folgt für den Faktor a die Beziehung

$$a = -ln(1 - \eta_{u,ges}),$$

woraus man z.B. die Zahlenwerte

$\eta_{u,ges}$	0,999	0,99	0,98	0,95
a	6,908	4,605	3,912	2,995

erhält. Für den Umsetzungsgrad haben [11] die empirische Beziehung

$$\eta_{u,ges} = \begin{cases} 1 & : \quad \lambda > \lambda_{RB} \\ a \cdot \lambda \cdot exp(c \cdot \lambda) - b & : \quad 1 \le \lambda \le \lambda_{RB} \\ 0,95 \cdot \lambda + d & : \quad \lambda \le 1 \end{cases}$$

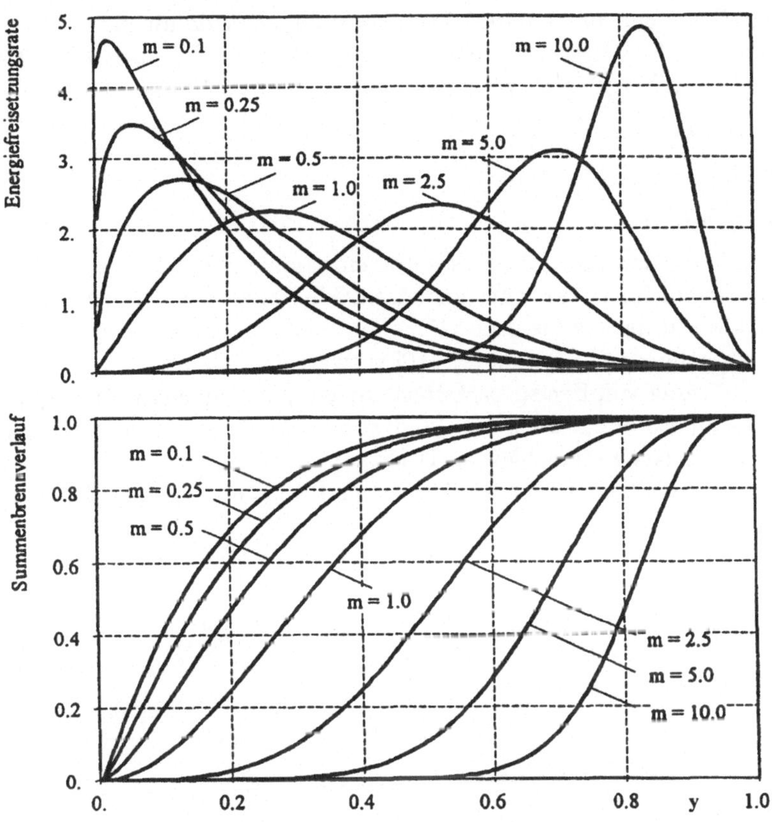

Abbildung 64: VIBE-Funktion

angegeben, mit

$$c = -1/\lambda_{RB}$$
$$d = -0,0375 - (\lambda_{RB} - 1,17)/15$$
$$a = (0,05 - d)/(\lambda_{RB} \cdot exp(-1) - exp(c))$$
$$b = a \cdot exp(c) - 0,95 - d$$

wobei λ_{RB} das Luftverhältnis ist, bei dem eine Abgasschwärzung mit der Rußziffer nach Bosch $RB = 3,5$ erreicht wird. Als Gültigkeitsbereich wird das Intervall $1,17 < \lambda_{RB} < 2,05$ angegeben.

Der VIBE-Ersatzbrennverlauf wird durch die drei VIBE-Parameter

- Brennbeginn φ_{BB}

- Brenndauer $\Delta\varphi_{BD}$

- Formparameter m

festgelegt. Für einen bestimmten Betriebspunkt kann damit der reale Brennverlauf durch den VIBE-Ersatzbrennverlauf ersetzt werden. Die drei VIBE-Parameter werden dabei so festgelegt bzw. angepaßt, daß die drei Kenngrößen

- Mitteldruck $p_{m,i}$

- Zünddruck p_z

- Brennbeginn φ_{BB}

mit denen des realen Motorprozesses übereinstimmen. Zur Festlegung wird dabei der Druckverlauf im Brennraum gemessen. Mit einer sog. Druckverlaufsanalyse-Prozedur können daraus die drei VIBE-Parameter bestimmt werden. Für die detaillierte Vorgehensweise sei auf [9], [10] verwiesen.

Zur Durchführung von Kreisprozeß-Rechnungen für beliebige Betriebspunkte werden nun geeignete Funktionen für die drei VIBE-Parameter in Abhängigkeit der Haupteinflußgrößen Luftverhältnis, Drehzahl, Leistung und Verbrennungsbeginn (Zündverzug) benötigt. Dafür werden in der Literatur folgende Beziehungen angegeben,

- Brenndauer $\Delta\varphi_{BD}$

$$\frac{\Delta\varphi_{BD}}{\Delta\varphi_{BD,0}} = \left(\frac{\lambda_0}{\lambda}\right)^{0,6} \left(\frac{n}{n_0}\right)^{0,5} \eta_{u,ges}^{0,6}$$

- Formparameter m

$$\frac{m}{m_0} = \left(\frac{\Delta\varphi_{ZV,0}}{\Delta\varphi_{ZV}}\right)^{0,5} \frac{p}{p_0} \frac{T_0}{T} \left(\frac{n_0}{n}\right)^{0,3}$$

- Zündverzug $\Delta\varphi_{ZV}$

  von [12] wurde z.B. dafür die Beziehung

$$\Delta\varphi_{ZV} = 6 \cdot n \cdot 10^{-3} \left\{ 0,5 + exp\left(\frac{7800}{2 \cdot T}\right) \left[\frac{0,135}{p^{0,7}} + \frac{4,8}{p^{1,8}}\right] \right\}$$

angegeben.

- Brennbeginn φ_{BB}

$$\varphi_{BB} = \varphi_{FB} + \Delta\varphi_{EV,0} \frac{n}{n_0} + \Delta\varphi_{ZV}$$

$$\varphi_{FB} \quad : \quad \text{Förderbeginn}$$

$$\Delta\varphi_{EV,0} \quad : \quad \text{Einspritzverzug}$$

Für weitere Details sei auf [8], [13], sowie [14] verwiesen.

5.3.3 Wärmeübergangsmodell

Das im folgenden dargestellte Wärmeübergangsmodell geht auf [15] zurück und
wurde kürzlich von [16] erweitert. Neben diesem Modell sind in der Literatur noch
eine ganze Reihe weiterer bekannt geworden.

 Das Modell von Woschni geht von einer stationären, vollturbulenten Rohrströ-
mung aus. Für den dimensionslosen Wärmeübergangskoeffizienten, die Nusselt-
Zahl, erhält man aus einer Dimensionsanalyse (siehe z.B. [18]) die halbempirische
Potenzgleichung

$$Nu = C \cdot Re^{0,8} \cdot Pr^{0,4}$$

mit der

$$\text{Nusselt-Zahl} \quad Nu \;=\; \frac{\alpha D}{\lambda},$$

$$\text{Reynolds-Zahl} \quad Re \;=\; \frac{\rho\,w\,D}{\eta},$$

$$\text{Prandtl-Zahl} \quad Pr \;=\; \frac{\nu}{a}.$$

Betrachtet man das Gemisch im Brennraum als ideales Gas mit der thermischen
Zustandsgleichung

$$\rho = \frac{p}{RT},$$

so folgt zunächst

$$\frac{\alpha D}{\lambda} = \left(\frac{p}{RT}\, \frac{w\,D}{\eta} \right)^{0,8} Pr^{0,4}$$

und daraus durch Umformung für den konvektiven Wärmeübergangskoeffizienten

$$\alpha = C\,D^{-0,2}\,p^{0,8}\,w^{0,8}\,\frac{Pr^{0,4}\,\lambda}{(R\,T\,\eta)^{0,8}}\;.$$

Mit den Stoffwerten

$$Pr = 0,74, \quad \frac{\lambda}{\lambda_0} = \left(\frac{T}{T_0}\right)^{x}, \quad \frac{\eta}{\eta_0} = \left(\frac{T}{T_0}\right)^{y}$$

und mit der Annahme, daß die charakteristische Geschwindigkeit w gleich der
mittleren Kolbengeschwindigkeit c_m ist, erhält man weiter

$$\alpha = C\,D^{-0,2}\,p^{0,8}\,c_m^{0,8}\,T^{-r}$$

mit

$$r = 0,8(1+y) - x\,.$$

Durch Vergleich mit Meßwerten wird der Exponent r für die Temperaturabhängig-
keit zu $r = 0,53$ und die Konstante zu $C = 0,013$ bestimmt. Für gefeuerte Motoren
muß eine Modifikation der charakteristischen Geschwindigkeit eingeführt werden,

die die Verbesserung des Wärmeübergangs infolge der drastischen Erhöhung der Turbulenz durch die Verbrennung berücksichtigt. Damit erhält man

$$\boxed{\alpha = 0,013\, D^{-0,2}\, p^{0,8}\, w^{0,8}\, T^{-0,53}} \tag{29}$$

$$\boxed{w = C_1 c_m + \underbrace{C_2 \frac{V_h T_1}{p_1 V_1}(p - p_0)}_{\text{Verbrennungsglied}}}$$

Die Erhöhung der Turbulenz führt zu einem Anstieg der charakteristischen Geschwindigkeit. Dieser Anstieg wird proportional und durch das sog. Verbrennungsglied beschrieben.

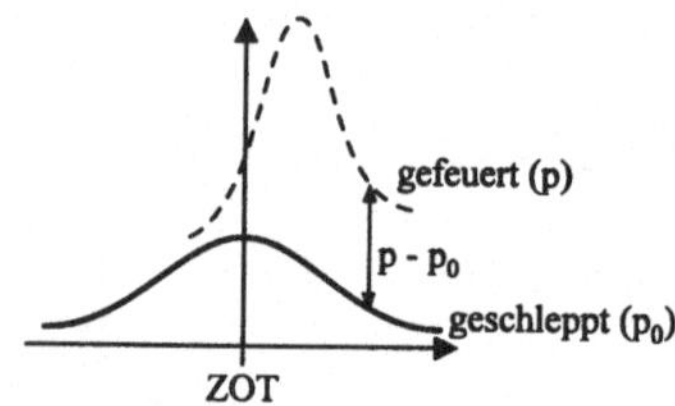

T_1, p_1, V_1 gelten bei Verdichtungsbeginn, d.h. bei „Einlaß schließt". Für die Konstanten C_1 und C_2 erhält man durch Anpassung an Meßwerte

$$C_1 = \begin{cases} 6,18 + 0,417\, c_u/c_m & : \quad \text{Ladungswechsel} \\ 2,28 + 0,308\, c_u/c_m & : \quad \text{Verdichtung/Expansion} \end{cases}$$

$$C_2 = \begin{cases} 6,22 + 10^{-3} & m/(SK) \quad : \quad \text{Vorkammer-Motor} \\ 3,24 + 10^{-3} & m/(SK) \quad : \quad \text{DI-Motor} \end{cases}$$

wobei für den Einlaßdrall c_u/c_m der Gültigkeitsbereich $0 < c_u/c_m < 3$ angegeben wird. Die mit dem Verbrennungsglied korrigierte Geschwindigkeit liefert für geschleppte Motoren und im unteren Lastbereich zu geringe Werte für den Wärmeübergangskoeffizienten. Deshalb wurde kürzlich die Beziehung

$$\boxed{w = c_m \left[1 + 2 \left(\frac{V_c}{V} \right)^2 p_{m,i}^{-0,2} \right]}$$

für die charakteristische Geschwindigkeit vorgeschlagen. Es wird empfohlen, den jeweils größeren Zahlenwert für die charakteristische Geschwindigkeit zu verwenden. Für direkt einspritzende Dieselmotoren muß die Konstante C_2 bei höheren Wandtemperaturen korrigiert werden. Dafür wird von [16] die Korrektur

$$C_2 = \begin{cases} 3,24 \cdot 10^{-3} & m/(SK) \quad : \quad T_W < 600K \\ 5,0 \cdot 10^{-3} + 2,3 \cdot 10^{-5}(T_W - 600) & m/(SK) \quad : \quad T_W > 600K \end{cases}$$

angegeben.
Es sei hier nochmals ausdrücklich darauf hingewiesen, daß die obige Beziehung

an Meßwerte angepaßt ist. Dabei wurde insbesondere zwischen der Wärmeübertragung durch Konvektion und der durch Strahlung nicht unterschieden. Dabei besteht trotz vielfältiger Bemühungen und der zahlreichen bis heute bekannt gewordenen Wärmeübergangsbeziehungen noch immer Bedarf an einer relativ einfach zu handhabenden Beziehung, die die Anteile der Wärmeübertragung infolge Konvektion und infolge Strahlung physikalisch richtig wiedergibt.

5.3.4 Experimentelle Ermittlung des örtlich gemittelten Wärmeübergangskoeffizienten

Weil die Gastemperatur T_G zeitabhängig ist, ergeben sich Temperaturschwankungen in den brennraumbegrenzenden Wänden. Für die mittlere Wärmestromdichte in einer ebenen Wand gilt:

$$\bar{q} = \lambda_W \frac{\bar{T}_W - \bar{T}(x)}{x}$$

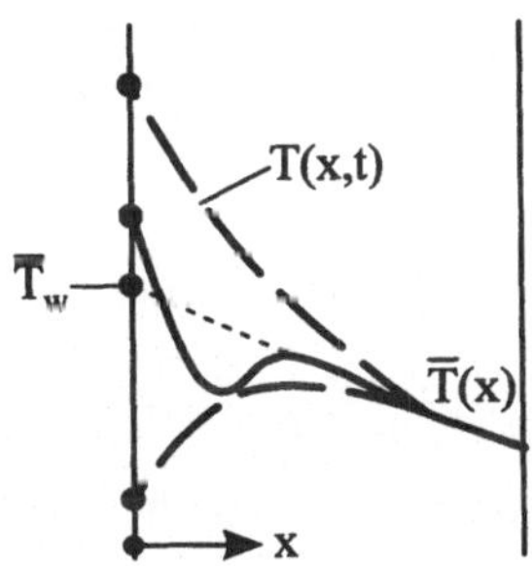

Der Energietransport durch Wärmeleitung im Festkörper wird durch die Fouriersche Differentialgleichung

$$\frac{\partial T}{\partial t} = a \frac{\partial^2 T}{\partial x^2}$$

mit der Temperaturleitfähigkeit

$$a = \frac{\lambda}{\rho\, c_p}$$

beschrieben.

Nimmt man als Randbedingung auf der Gasseite Temperaturschwingungen entsprechend der Fourier-Reihe

$$T_W(t) = \bar{T}_W + \sum_{i=1}^{\infty} \left[A_i cos(i\,\omega\,t) + B_i sin(i\,\omega\,t) \right],$$

ab einer bestimmten Wandtiefe jedoch eine konstante Wärmestromdichte an

$$x \to \infty : \frac{\partial T}{\partial x} = -\frac{\bar{q}}{\lambda},$$

so erhält man als Lösung der Fourierschen Differentialgleichung das Temperatur-
feld in der Wand

$$T(x,t) = \bar{T}_W - \frac{\bar{q}}{\lambda}x + \sum_{i=1}^{\infty} exp\left(-x\,\sqrt{\frac{i\,\omega}{2a}}\right) cos(...)$$

mit

$$cos(...) = A_i\,cos(i\,\omega\,t - x\,\sqrt{\frac{i\,\omega}{2a}}) + B_i\,sin\left(i\,\omega\,t - x\,\sqrt{\frac{i\,\omega}{2a}}\right)$$

Durch Differentation erhält man daraus für die Wärmestromdichte an der Ober-
fläche $x = 0$:

$$\begin{aligned}
q(0,t) &= \bar{q} + \lambda \sum_{i=1}\sqrt{\frac{i\,\omega}{2a}} \\
&= (A_i + B_i)\,cos(i\,\omega\,t) + (B_i - A_i)\,sin(i\,\omega\,t)
\end{aligned}$$

Weiteres Vorgehen zur Ermittlung des Wärmeübergangskoeffizienten:

1. $T_W(t)$ experimentell ermitteln

2. $T_W(t)_{exp} = T_W(t)_{theor}$, durch Fourier-Analyse erhält man daraus die Fourier-
   Koeffizienten A_i und B_i

3. damit ist auch $q_W(t)$ bekannt

Damit folgt für den W.Ü.K:

$$\alpha(t) = \frac{q_W(t)}{T_G(t) - T_W(t)}.$$

Üblicherweise wird jedoch α mit der mittleren Wandtemperatur berechnet, also

$$\alpha(t) = \frac{q_W(t)}{T_G(t) - \bar{T}_W}.$$

In Abb.65 sind die zeitlichen Verläufe der Gastemperatur, der Wandwärmestrom-
dichte und des Wärmeübergangskoeffizienten beispielhaft für einen 4-Takt-Ottomotor
dargestellt.

Das schrittweise Vorgehen bei der experimentellen Ermittlung des mittleren Wärmeübergangskoeffizienten ist in Abb.66 nochmals zusammengestellt.

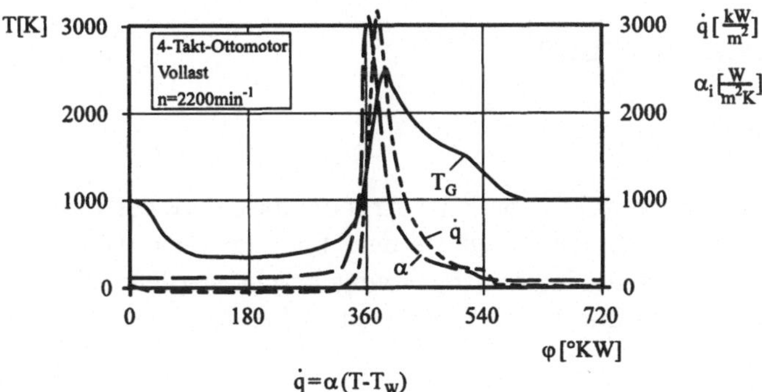

Abbildung 65: Massenmitteltemperatur, Wärmestromdichte , Wärmeübergangskoeffizient

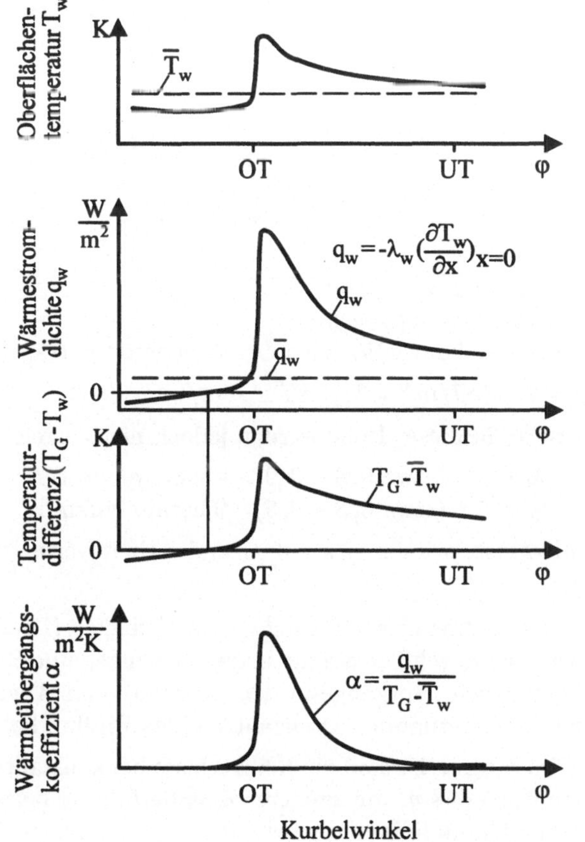

Abbildung 66: Wärmeübergang, Ermittlung des WÜK

6 Ladungswechsel

6.1 Allgemeines

Nach jedem Expansionstakt bzw. jeder Arbeitsphase muß der Inhalt des Zylinders (Ladung) erneuert bzw. gewechselt werden. Ladungswechsel bedeutet dabei, das Abgas muß entfernt und das Frischgas eingebracht werden. Die Effektivität des Ladungswechsels wird durch den Liefergrad λ_l beschrieben. Der Ladungswechsel wirkt sich aus auf:

- die maximale Leistung $P_{e,max}$,

- das maximale Drehmoment M_{max},

- die Abgasqualität (besonders NO_x und HC),

- den spez. Brennstoffverbrauch b_e und

- das Laufverhalten (Ottomotor)

Wir wollen diese Auswirkungen im folgenden kurz beleuchten.

- Leistung

$$P_e = i\, n\, p_{me}\, V_H\,, \qquad p_{me} = \eta_e\, \lambda_l\, H_G$$

$$P_e = \underbrace{n\, \eta_e\, \lambda_l}_{(1)}\; \underbrace{i\, H_G\, V_H}_{(2)}$$

(1) ist abhängig vom Ladungswechsel
(2) ist unabhängig vom Ladungswechsel
Der Gemischheizwert für konventionellen Ottobrennstoff beträgt:

$$H_G = 2750kJ/m^3 = 37,5\,10^5 \quad Nm/m^3 \qquad \Rightarrow 37,5bar$$

Effektive Mitteldrücke in dieser Höhe werden jedoch nicht erreicht weil:

$$\lambda_l < 1 \quad (\text{etwa}\ 0,8 - 0,9) \quad \text{bei Saugmotoren}$$
$$\eta_e < 1 \quad (\text{etwa}\ 0,3 - 0,5) \quad \text{Thermodynamik}$$

Drossel- und Spülverluste wirken sich auf λ_l und Arbeitsverluste beim Ladungswechsel auf η_e aus.

$\lambda_l = f(n)$ Mit zunehmender Strömungsgeschwindigkeit (Drehzahl) steigen die Verluste durch Drosselung in den Leitungen und Steuerorganen an. Dynamische Vorgänge in den Ladeluft- und Abgasleitungen können bei bestimmten Drehzahlen einen Einfluß haben.

$\eta_e = f(\lambda_l, n)$ Näherungsweise sind die Reibverluste bei konstanter Drehzahl konstant, so daß η_e mit größerer Zylinderfüllung besser wird. Prozeßverlauf und Reibungsarbeit und damit auch η_e hängen von der Drehzahl ab.

Gute Füllung bei hoher Drehzahl ergibt hohe Nennleistung.

- Drehmoment

$$M = \frac{i}{2\pi}\, p_{me}\, V_H$$

Mit der obigen Beziehung für p_{me} folgt daraus

$$M = \underbrace{\eta_e\,\lambda_l}_{(1)}\ \underbrace{\frac{i}{2\pi}\, H_G\, V_H}_{(2)}$$

Der Ausdruck (1) ist wieder vom Ladungswechsel abhängig, für maximales Drehmoment muß das Produkt $\eta_e\lambda_l$ maximal sein. Für den Verlauf der Vollastlinie ist λ_l durch die Rußgrenze limitiert und damit durch den Ladungswechsel im wesentlichen bestimmend.
Gute Füllung bei niedriger Drehzahl ergibt einen elastischen Motor (Abb.51).
Aus

$$
\begin{aligned}
(n, \eta_e, \lambda_l) &\quad\Rightarrow\quad \text{max. für} \quad P_{e,max} \\
(\eta_e, \lambda_l) &\quad\Rightarrow\quad \text{max. für} \quad M_{max}
\end{aligned}
$$

folgt, daß die Nenndrehzahl n_n (für $P_{e,max}$) und die Drehzahl n_m (für M_{max}) immer unterschiedlich sind, wobei $n_n > n_{M_{max}}$ gilt, siehe dazu auch Kap. 4.3

- Abgasqualität
  Zunehmende Restgasmenge im Zylinder bzw. Brennraum verringert NO_x- und HC-Anteile.

$$m_{Restgas} \uparrow \quad\Rightarrow\quad \bar{T} \downarrow \quad\Rightarrow m_{NOx} \downarrow$$

Der HC-Anteil des Restgases ist höher als der HC-Anteil des ausgeschobenen Abgases. Durch Nachverbrennung des Restgases verringern sich dadurch die HC-Emissionen. Die dafür verantwortliche interne Abgasrückführung läßt sich durch den Ladungswechsel steuern. Zu hoher Restgasanteil kann zu Zündaussetzern und damit zu ungleichmäßigem Motorlauf führen (Laufverhalten).

- Spezifischer Brennstoffverbrauch
  Wegen $b_e\,\eta_e = 1/H_U$ hängt auch b_e vom Ladungswechsel ab.

6.2 4-Takt-Verfahren

Beim 4-Takt-Verfahren sind „Ausschieben" und „Ansaugen" die Ladungswechsel-takte. Sie erfolgen im wesentlichen durch die Verdrängerwirkung des Kolbens und werden im Detail durch die Steuerorgane geregelt. Dazu werden die Steueröffnungen (Ein- und Auslaß) des Arbeitsraumes (Zylinder) periodisch durch Absperrorgane (Steuerorgane) geöffnet und geschlossen (gesteuert). Dabei sind folgende Anforderungen zu erfüllen:

- große Öffnungsquerschnitte,

- kleiner Zeitbedarf für Öffnungs- und Schließvorgänge,

- strömungsgünstige Ausführung,

- hohe Dichtwirkung und

- hohe Standfestigkeit.

Als Steuerorgane kommen grundsätzlich Hubventile und Drehschieber in Betracht. Die Vor- und Nachteile sind in Abb.67 gegenüber gestellt.

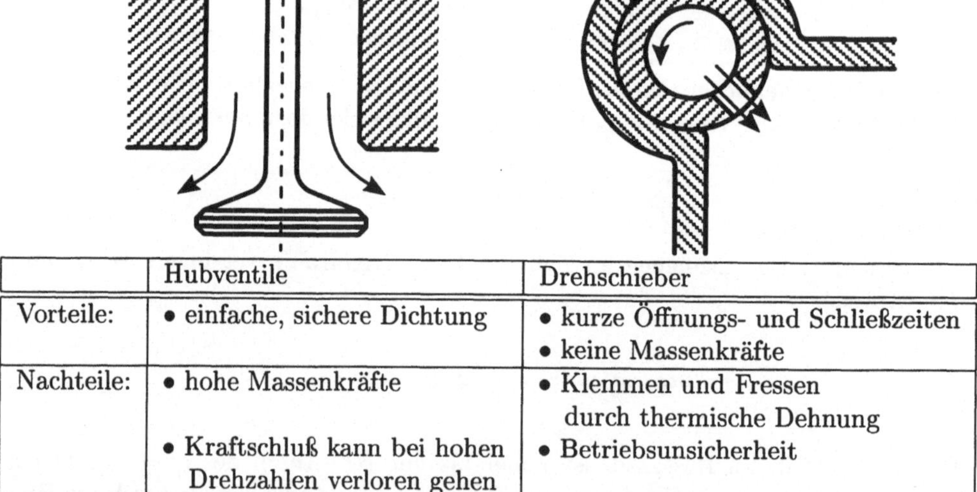

	Hubventile	Drehschieber
Vorteile:	• einfache, sichere Dichtung	• kurze Öffnungs- und Schließzeiten • keine Massenkräfte
Nachteile:	• hohe Massenkräfte • Kraftschluß kann bei hohen Drehzahlen verloren gehen	• Klemmen und Fressen durch thermische Dehnung • Betriebsunsicherheit

Abbildung 67: Hubventile und Drehschieber

In modernen Verbrennungsmotoren werden heute praktisch nur noch Hubventile verwendet. Diese Aus- und Einlaßventile öffnen vor und schließen nach den Totpunkten, siehe Tabelle 1.

Im einzelnen gilt dabei folgendes:

- Frühes Aö führt zwar zu hohen Verlusten an Expansionsarbeit, reduziert aber die erforderliche Ausschiebearbeit.

- Es beeinflußt die Füllungs- und damit die Drehmomentencharakteristik sehr viel stärker als die anderen Steuerzeiten, siehe Abb.68, wobei frühes Es ein hohes Drehmoment im unteren Drehzahlbereich, aber Füllungsverluste bei höheren Drehzahlen, und spätes Es eine hohe Nennleistung, aber Füllungsverluste bei niedrigen Drehzahlen (Sportmotor) bedeutet.

- Eine große Ventilüberschneidung bewirkt höhere Spülverluste, wodurch der effektive Wirkungsgrad η_e abnimmt. Die damit verbundene verbesserte Restgasausspülung bewirkt jedoch eine bessere Zylinderfüllung und damit eine höhere Leistung.

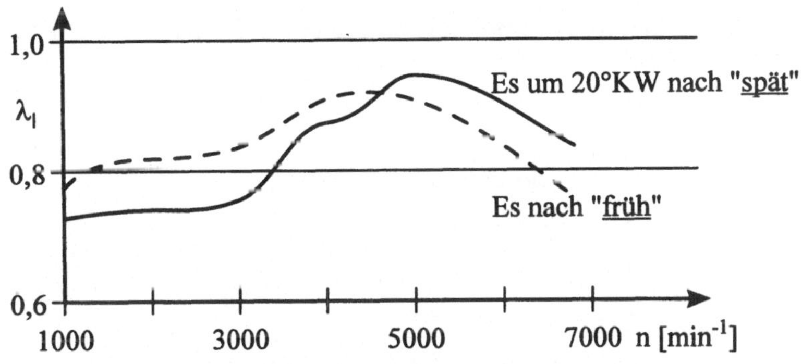

Abbildung 68: Einfluß von Es auf den Liefergrad λ_l

Tabelle 1: Steuerzeiten für Otto- und Dieselmotoren

	OTTO	DIESEL
Aö °KW vor UT	50 - 40	50 - 40
As °KW nach OT	4 - 30	5 - 30
Eö °KW vor OT	30 - 10	25 - 0
Es °KW nach UT	40 - 60	30 - 40

Die Steuerzeiten der Ein- und Auslaßventile beeinflussen die „Ladungswechselschleife" und damit die Ladungswechselverluste. Abb.69 zeigt das p,v-Diagramm der Ladungswechselschleife bei Vollast und Abb.70 dasjenige bei Teillast für einen drosselgesteuerten 4-Takt-Ottomotor.

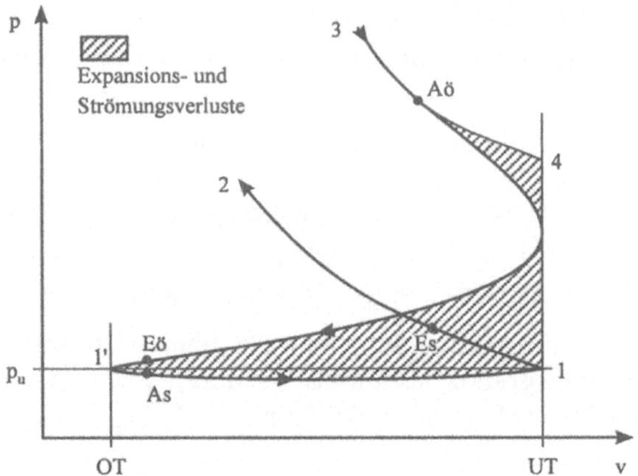

Abbildung 69: Ladungswechselverluste eines drosselgesteuerten 4-Takt-Ottomotors bei Vollast

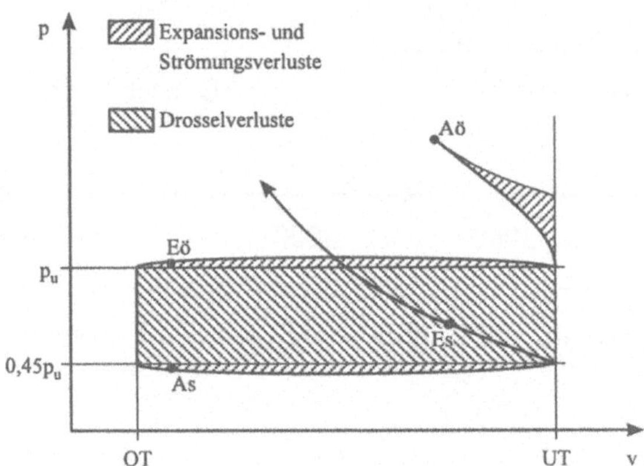

Abbildung 70: Ladungswechselverluste eines drosselgesteuerten 4-Takt-Ottomotors bei Teillast

Während früher sowohl bei Otto- als auch bei Dieselmotoren insgesamt zwei Ventile (ein Einlaß- und ein Auslaßventil) verwendet wurden, hat sich in den letzten Jahren zunehmend die sog. Mehrventiltechnik durchgesetzt, wobei vier Ventile (zwei Einlaß- und zwei Auslaßventile) als Standard bezeichnet werden können. Daneben sind auch Ausführungen mit zwei Einlaß- und einem Auslaßventil sowie mit drei Einlaß- und zwei Auslaßventilen bekannt geworden.

Die Vorteile der Mehrventiltechnik sind die Verringerung der Massenkräfte durch den geringeren Ventilhub und der kleineren Ventilmassen, sowie eine bessere Füllung (Einlaß) durch größere Öffnungsquerschnitte.

Als Nachteil müssen der aufwendige Ventiltrieb und der wesentlich kompliziertere Zylinderkopf genannt werden. Ventile sind thermisch und mechanisch hochbeanspruchte Bauteile, die zusätzlich korrosiven Einflüssen ausgesetzt sind. Die thermischen Belastungen betragen je nach Einsatzfall:

- Einlaßventil 300 - 500°C,

- Auslaßventil 600 - 800°C

Abb.71 zeigt verschiedene konstruktive Ausführungen von Hubkolbenventilen im Hinblick auf gute Kühlung und geringeren Verschleiß. Beim Ventiltrieb unterscheidet man zwischen untenliegender und obenliegender Nockenwelle. Bei der erstgenannten Ausführung liegt die Nockenwelle unterhalb der Trennlinie Zylinderkopf/Kurbelgehäuse, und die Ventile werden über Stößel-Stoßstange-Kipphebel betätigt. Die obenliegende Nockenwelle wird für moderne, schnellaufende Otto- und Dieselmotoren verwendet. Wegen der geringen ungleichförmig bewegten Massen und der kleineren Elastizität des Ventiltriebs, ist dieser Antrieb insbesondere bei höheren Drehzahlen vorteilhaft.

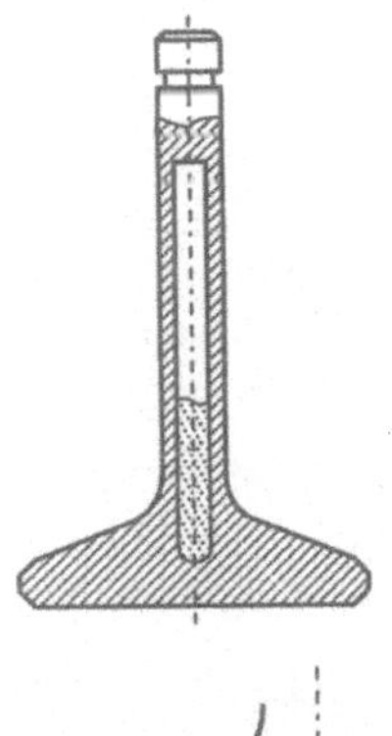

Natriumgekühltes Auslaßventil:
Flüssiges Natrium verstärkt den Wärmetransport durch Shakerwirkung. Natrium geht bei einer Temperatur ab $\theta > 97,5°C$ in den flüssigen Zustand über.

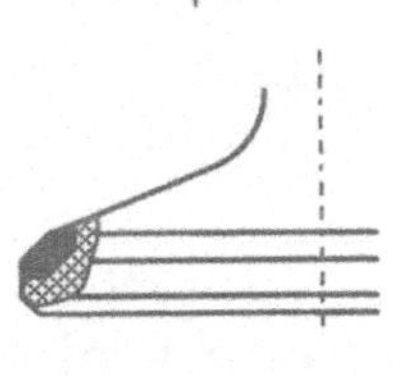

Sitzpanzerung:
Zur Vermeidung von Verschleiß wird Stellit auf den Ventilsitz aufgeschweißt.

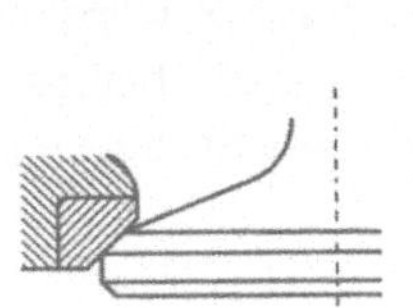

Ventilsitzring im Zylinderkopf:
Aus Verschleißgründen werden oft Ventilsitzringe eingebaut. In Leichtmetallzylinderköpfen muß in jedem Fall ein Ventilsitzring vorgesehen werden, da Aluminium den Belastungen nicht standhält.

Abbildung 71: Konstruktive Details zur Ausführung von Hubkolbenventilen

In Abb.72 werden einige Beispiele zur konstruktiven Ausführung des Ventiltriebs gezeigt. Bei der Anordnung der Nockenwelle im Motor kommen die gezeigten Bauarten zur Anwendung. Es wird unterschieden zwischen:

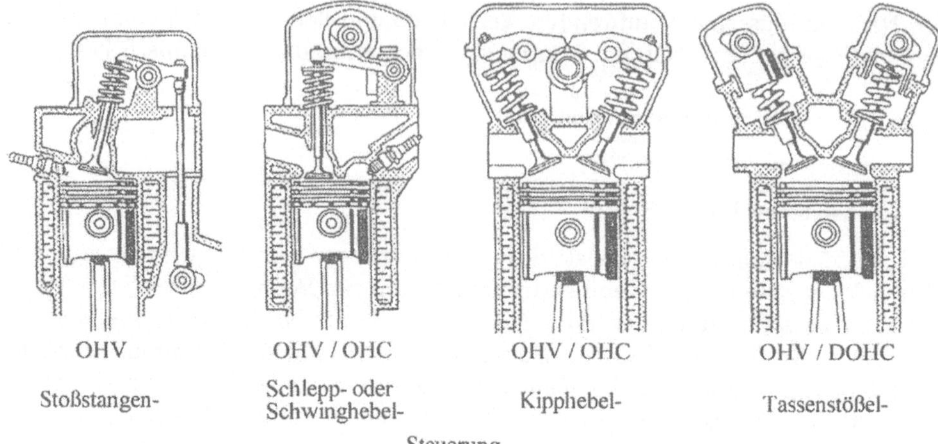

Abbildung 72: Lage der Nockenwelle und Ventiltrieb

- **Stoßstangen-Steuerung** bei der die Nockenwelle unterhalb der Trennlinie Zylinderkopf und Motorblock angeordenet ist. Die Ventilbetätigungskraft wird mittels Stoßstangen und Kipphebel auf die Ventile übertragen. Für den Zylinderkopf ergibt dadurch eine vergleichsweise einfachere Konstruktion. Durch die größeren Massen ist der Einsatz bei höheren Drehzahlen begrenzt.

- **Schlepp- oder Schwinghebel** sind schwingend im Zylinderkopf gelagert und betätigen bei gleichzeitiger Seitenkraftaufnahme die Ventile. Diese Konstruktionsvariante erlaubt zusätzlich eine Variation der Übersetzung.

- **Kipphebel** bewegen sich um eine feste Lagerung bzw. Drehachse zwischen Nockenwelle und Ventil. Auch in diesem Fall ist eine Variation der Nockenhubübersetzung möglich.

- **Tassenstößel** übertragen die Ventilstellkräfte direkt über den Tassenstößelboden auf die Ventile. Durch eine direkte Führung im Zylinderkopf werden die Seitenkräfte nicht auf das Ventil, sondern auf den Zylinderkopf übertragen. Durch die leichte und gleichzeitig steife Konstruktion ist diese Steuerung besonders für hohe Drehzahlen geeignet.

6.3 2-Takt-Verfahren

6.3.1 Steuerschlitze

Beim 2-Takt-Verfahren erfolgt der Ladungswechsel während sich der Kolben in UT-Nähe befindet. Das einströmende Frischgas schiebt das Abgas aus dem Zylinder. Die gebräuchlichste Steuerung für 2-Takt-Motoren ist die Schlitzsteuerung. Die im unteren Teil des Zylinders angeordneten Ein- und Auslaßöffnungen (Schlitze) werden vom Kolben überstrichen und dadurch geöffnet und geschlossen. Deshalb ist eine Verdrehsicherung der Kolbenringe notwendig. Die charakteristischen Eigenschaften der Schlitzsteuerung sind:

- keine zusätzlich bewegten Teile,

- kurzzeitige, großflächige Öffnungsverläufe und

- zum UT symmetrische Steuerzeiten.

Abb.73 zeigt die Zylinderlaufbuchse eines Zweitakt-Dieselmotors. Zur Verbesse-

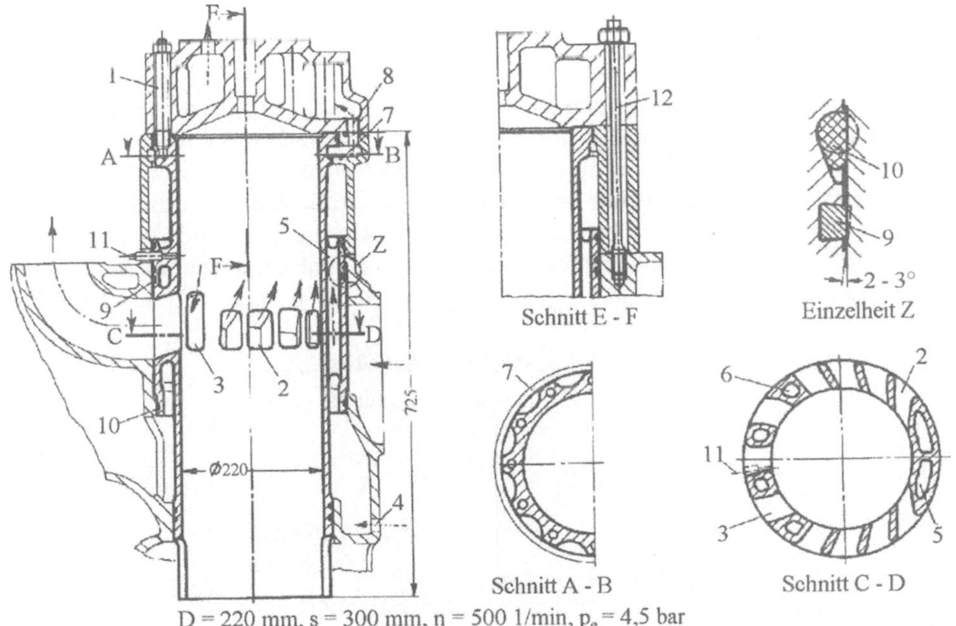

Abbildung 73: Zylinderlaufbuchse eines Zweitakt-Dieselmotors

rung der Spülung wird bei Großmotoren ein eigenes Spülgebläse eingesetzt, bei kleineren Motoren dagegen wird die Pumpwirkung des im Zylinder oszillierenden Kolbens zum Aufbau eines geringen Spüldruckes im Kurbelgehäuse genutzt.

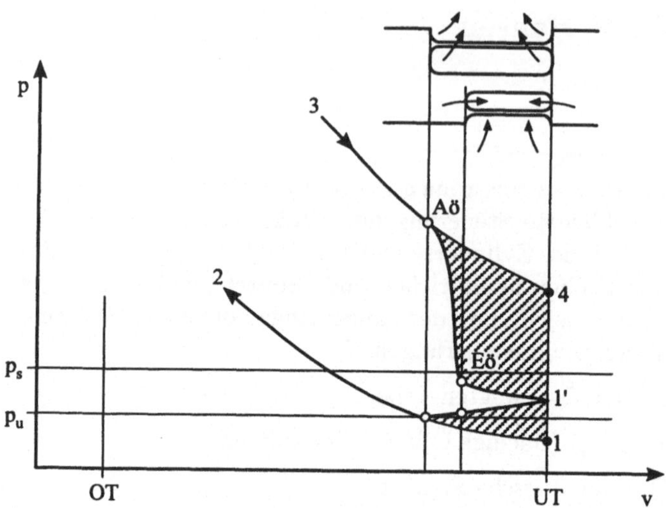

Abbildung 74: p,v-Diagramm des Ladungswechselvorganges beim 2-Takt-Verfahren.

Bei der Verwendung der Schlitzsteuerung muß Aö so früh gelegt werden, daß bei Eö der Zylinderdruck unter den Spüldruck p_s gesunken ist, damit ein Expandieren von Abgas in den Einlaßkanal verhindert wird. Damit ist zwangsläufig ein Verlust an Expansionsarbeit verbunden, der in Abb.74 durch die markierten Flächen gekennzeichnet ist. Die Öffnungsquerschnitte der Ein- und Auslaßschlitze zeigt Abb.75. Der Auslaßschlitz öffnet vor dem Einlaßschlitz (Vorauslaß). Die Spülung erfolgt von Eö bis Es. Wegen der symmetrischen Steuerzeiten ist bei Es

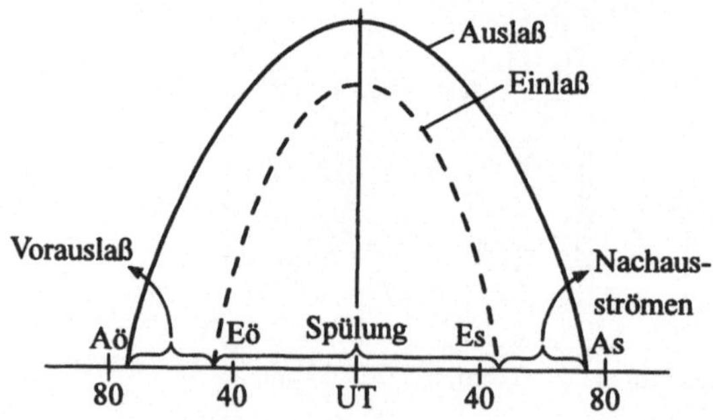

Abbildung 75: Öffnungsquerschnitte beim Ladungswechsel

der Auslaßschlitz noch geöffnet, von Es bis As kann Nachausströmen von Frischgemisch stattfinden. Das Nachausströmen kann durch zusätzliche Steuerorgane auf der Auslaßseite (unsymmetrische Steuerzeiten) verhindert werden (z.B. Schieber oder Ventile). Durch Gasschwingungen in entsprechend abgestimmten Abgasleitungen kann der Ladungswechsel ebenfalls positiv beeinflußt werden.

6.3.2 Spülvorgang

Der Spülvorgang ist im Detail sehr komplex und deshalb nicht exakt berechenbar. Zur Beschreibung werden folgende dimensionslose Kennzahlen verwendet:

$$\text{Spülgrad:} \quad \lambda_s = \frac{m_z}{m_z + m_r}$$

$$\text{volumetrischer Luftaufwand:} \quad \Lambda_a = \frac{V_g}{V_{zyl}}$$

$$\text{volumetrischer Spülgrad:} \quad \Lambda_s = \frac{V_z}{V_{zyl}}$$

Die Volumina V_g und V_z beziehen sich dabei auf den thermischen Zustand im Zylinder während der Spülphase (Mittelwerte $p_{z,m}, T_{z,m}$).
Theoretisch einfach erfaßbar sind die drei Grenzfälle des Spülvorgangs, nämlich die:

- Verdrängungsspülung, die

- Verdünnungsspülung und die

- Kurzschlußspülung, die wir im folgenden kurz beschreiben wollen.

● Verdrängungsspülung

Dabei wird angenommen, daß sich Frischgas und Abgas nicht mischen, das Frischgas schiebt das Abgas aus. Es existiert zu jedem Zeitpunkt eine definierte Grenzfläche zwischen Frisch- und Abgas. Die Verdrängungsspülung hat die maximal mögliche Spülwirkung.

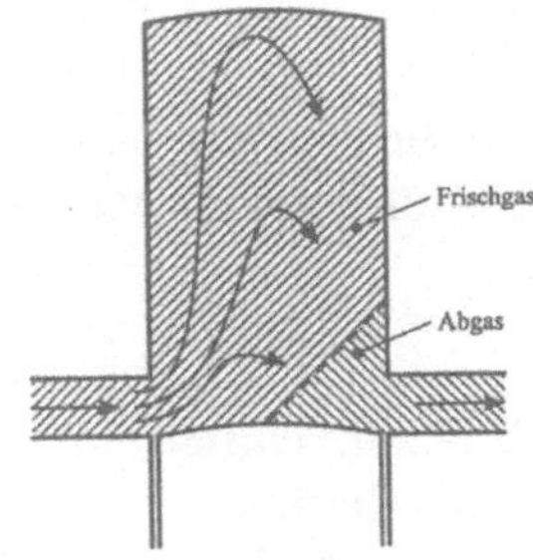

- Verdünnungsspülung

Frischgas und Abgas werden in jedem Augenblick als vollständig gemischt betrachtet. Der Inhalt des Zylinders ist damit ein „ideal" gemischter Behälter. Das ausgeschobene Gas enthält zunehmend mehr Frischgas.

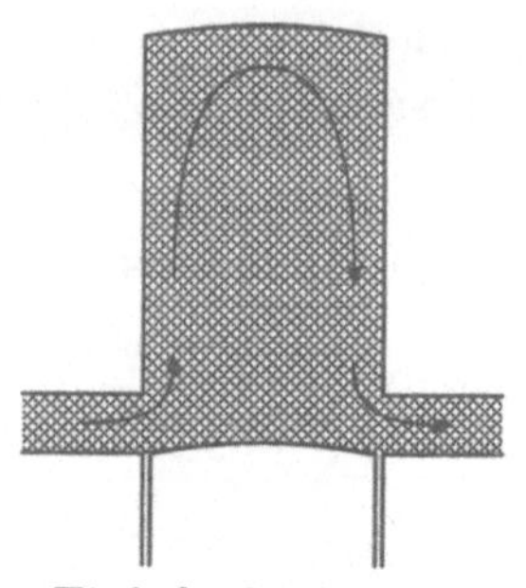

- Kurzschlußspülung

Dies ist der triviale Grenzfall. Das Frischgas strömt vom Einlaß- direkt zum Auslaßschlitz, die Spülwirkung ist gleich Null!

Im Spüldiagramm in Abb.76 sind diese drei Grenzfälle dargestellt, wobei der Spülgrad Λ_s über dem Luftaufwand aufgetragen ist. Wir wollen im folgenden die

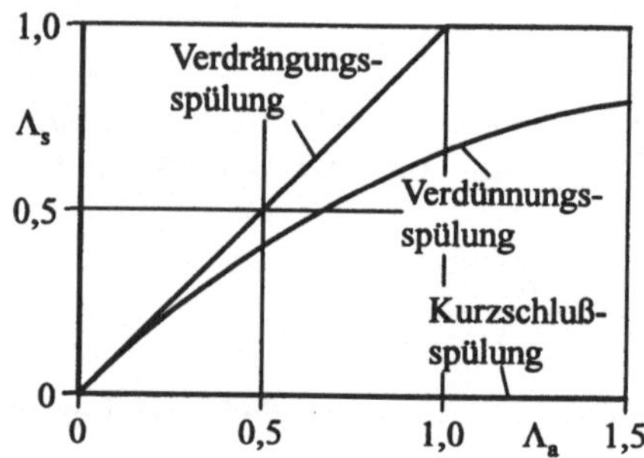

Abbildung 76: Spüldiagramm mit den drei Grenzfällen

Abhängigkeit $\Lambda_s = f(\Lambda_a)$ für den Fall der Verdünnungsspülung ableiten.

Die zeitliche Änderung der Frischgaskonzentration im Zylinder wird durch die Bilanzgleichung

$$V\frac{dC}{dt} = \dot{V}C_1 - \dot{V}C$$

beschrieben. Durch einfache Umformung erhält man daraus

$$\frac{\dot{V}\,dt}{V} \equiv d\Lambda_a = \frac{dC}{C_1 - C}$$

und daraus schließlich die Lösung

$$\Lambda_a = -ln(C - C_1) + I.$$

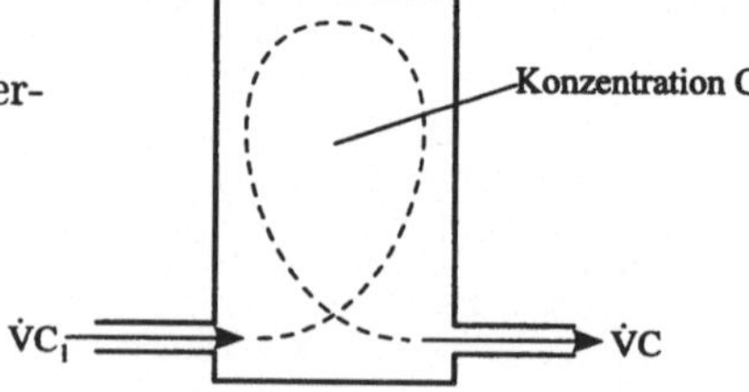

Mit der Randbedingung (Anfangsbedingung) $C = C_0$ für $\Lambda_a = 0$ folgt für die Integrationskonstante $I = ln\,(C_0 - C_1)$ und damit die Lösung

$$-\Lambda_a = ln\frac{C - C_1}{C_0 - C_1} = ln\left(1 - \frac{C - C_0}{C_1 - C_0}\right).$$

Mit der Definition des Spülgrades

$$\Lambda_s \equiv \frac{C - C_0}{C_1 - C_0}$$

erhält man schließlich die gesuchte Abhängigkeit

$$\boxed{\Lambda_s = 1 - exp(-\Lambda_a)}$$

die in Abb.76 dargestellt ist. Für $\Lambda_a = 1,0$ erhält man daraus $\Lambda_s = 0,632$.

6.3.3 Spülverfahren

Es wird innerhalb der Spülverfahren zwischen Quer-, Umkehr- und Längsspülung unterschieden.

- Querspülung, siehe Abb.77

Die Querspülung wird hauptsächlich bei Kleinmotoren verwendet. Sie weist folgende Besonderheiten auf:

- Ein- und Auslaßschlitze sind gegenüberliegend

- Kolbennase zur Verbesserung der Spülwirkung

- symmetrische Steuerzeiten

- unsymmetrische Steuerzeiten durch zusätzlichen Schieber im Abgaskanal

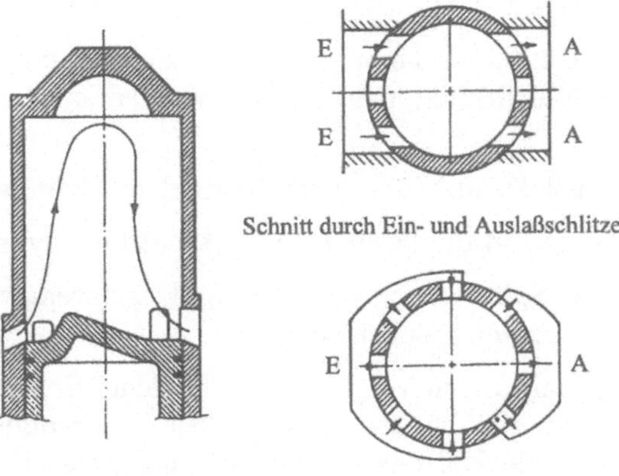

Abbildung 77: Querspülung

- Umkehrspülung, siehe Abb.78

Die Umkehrspülung ist das am häufigsten verwendete Spülverfahren. Die Ein- und Auslaßschlitze liegen auf einer Seite, womit die Gefahr der Kurzschlußspülung vermieden wird.

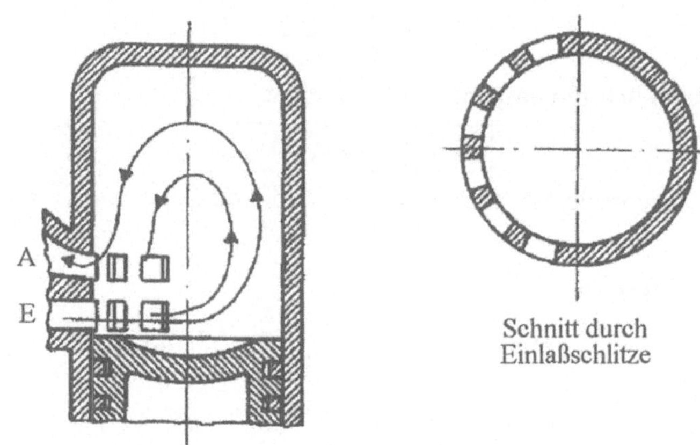

Abbildung 78: Umkehrspülung

- Längsspülung, siehe Abb.79

Die Längsspülung wird bei Großmotoren eingesetzt, weil mit der Umkehrspülung keine ausreichende Spülwirkung mehr erreicht werden kann. Sie hat folgende Besonderheiten:

- zusätzliches Auslaßventil (oder auch Ventile) im Zylinderkopf,

- zusätzlicher Aufwand durch dieses Auslaßventil im Zylinderkopf,

- dafür aber beste Spülwirkung von allen Spülverfahren, weil beliebige unsymmetrische Steuerzeiten möglich sind.

Abb.80 zeigt einen qualitativen Vergleich verschiedener Spülverfahren für 2-Takt-Motoren. Man erkennt, daß die Gleichstrom- oder Längsspülung die besten Spülgrade erreicht, der ideale Fall der reinen Verdrängungsspülung kann aber auch damit nicht erreicht werden. In der Literatur sind eine Reihe halbempirischer Spülmodelle bekannt geworden. Für eine Zusammenstellung und ausführliche Beschreibung dieser Modelle sei auf [18] verwiesen.

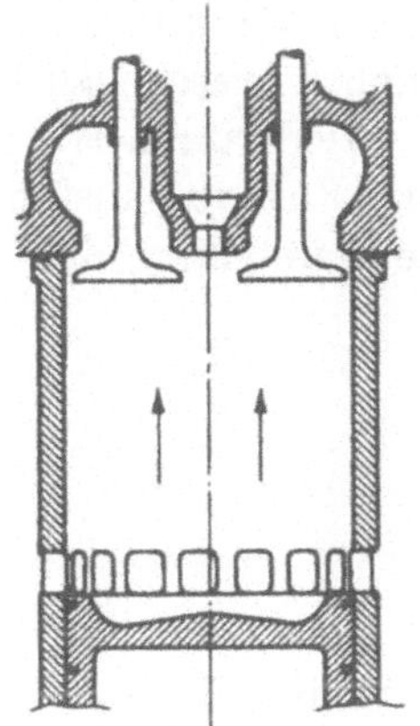

Abbildung 79: Längs- bzw. Gleichstromspülung

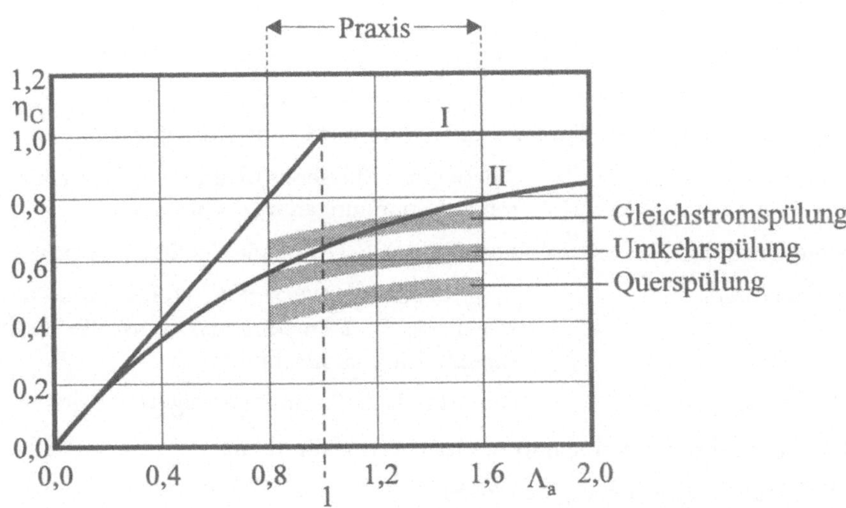

Abbildung 80: Qualitativer Vergleich verschiedener Spülverfahren für 2-Takt-Motoren; I: Ideale Verdrängung; II: Ideale Verdünnung

7   Aufladung

In diesem Kapitel werden die Grundlagen der Aufladung und der aufgeladenen
Motoren dargestellt. Die Aufladung war ursprünglich ausschließlich als Verfahren
zur Leistungssteigerung gedacht. Erst in den letzten Jahren traten Verbrauchs-
und Emissionsfragen stärker in den Vordergrund. Für eine ausführliche Darstellung wird auf [19] verwiesen. Eine interessante Darstellung der geschichtlichen
Entwicklung der Aufladung hat [20] gegeben.

7.1   Einführung

7.1.1   Zweck der Aufladung

Aus der bereits in Kapitel 4.1.1 abgeleiteten Beziehung für die Leistung:

$$P_e = i\,z\,n\,p_{m,e}\,V_h$$

erhalten wir mit dem Hubvolumen

$$V_h = A_K\ s$$

und der mittleren Kolbengeschwindigkeit

$$c_m = 2\,s\,n$$

die Beziehung:

$$P_e = \frac{i}{2}\ c_m\ p_{m,e}\ A_K\ z \tag{30}$$

Die Zylinderleistung kann demnach gesteigert werden durch Anhebung von:

Drehzahl n: Anstieg der Massenkraft und der daraus resultierenden Spannungen $\sigma_M \sim n^2$

Kolbengeschwindigkeit c_m: beeinflußt die Tribologie der Kolbengruppe

Kolbenfläche A_K: $D \uparrow$, wegen $s/D \approx const.$, steigt damit auch s,
wegen $c_m = 2\,s\,n \approx const.$ muß die Drehzahl
sinken; führt zu Großmotoren,

Mitteldruck $p_{m,e}$:   kann durch Aufladung gesteigert werden

Die Aufladung des Hubkolbenmotors ist ein Verfahren zur:

- Leistungssteigerung, $p_{m,e} \rightarrow 30\,bar$

- Verringerung der Leistungsmasse

- Beeinflussung des Motorkennfeldes

- Senkung des spezifischen Brennstoffverbrauchs

- Reduzierung der Schadstoffemissionen

Als mögliche Nachteile können dabei auftreten:

- komplexe Bauteile

- Probleme beim Beschleunigen

- Probleme beim Drehmomentverlauf

7.1.2 Aufladeverfahren

Abb.81 gibt eine Einteilung der verwendeten Aufladeverfahren. Man unterscheidet

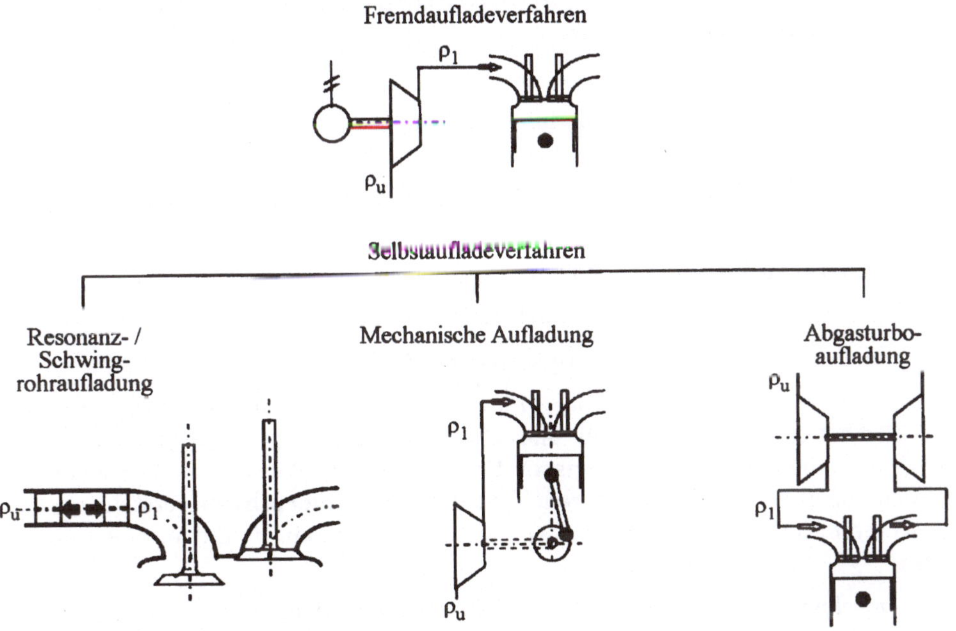

Abbildung 81: Einteilung der Aufladeverfahren

zwischen Fremd- und Selbstaufladung. Unter den Begriff Fremdaufladung fallen der extern angetriebene Ladeluftverdichter bei Einzylinder-Versuchsmotoren und das Spülgebläse bei großen 2-Takt-Motoren. Die Selbstaufladung läßt sich unterteilen in:

- **Resonanz- oder Schwingrohraufladung,**
  Dabei werden die Rohrschwingungen in der Ansaugleitung durch Abstimmung der Länge und des Durchmessers dieser Leitung für die Aufladung genutzt.

- **mechanische Aufladung,**

  Dabei wird ein am Motor angebrachter Lader/ Kompressor mechanisch angetrieben.

- **Abgasturbo-Aufladung (ATL),**

  Dabei wird ein Ladeluftverdichter unter Ausnutzung der Abgasenergie mittels einer Abgasturbine angetrieben, d.h. der Hubkolbenmotor wird mit der Strömungsmaschine Abgasturbolader lediglich strömungstechnisch verbunden. Bei der Abgasturbo-Aufladung unterscheidet man zwischen der:

  - Stauaufladung

    wobei lediglich die thermische Energie des Abgases genutzt wird; und dabei wieder zwischen

    * einstufiger und

    * zweistufiger Aufladung, und der

  - Stoßaufladung,

    wobei sowohl die thermische als auch die kinetische Energie des Abgases genutzt wird.

Die **Registeraufladung** ist eine ein- oder zweistufige Stauaufladung, bei der

- mehrere gleich große Abgasturbolader, oder

- mehrere Abgasturbolader verschiedener Größe

nacheinander, d.h. mit steigender Motorlast und -drehzahl zugeschaltet werden. Sie wird bei großen mittelschnell- und schnellaufenden Hochleistungsdieselmotoren eingesetzt, die **zweistufige Register-Stauaufladung** dagegen nur bei schnellaufenden Hochleistungsdieselmotoren. Unter **Verbundverfahren** versteht man eine Kombination unterschiedlicher Aufladeverfahren an ein- und demselben Motor, z.B.:

- mechanische Aufladung für den Schwachlastbetrieb,

- ATL für den Mittellastbetrieb und

- ATL und Nutzturbine für den Vollastbetrieb.

Als Beispiel für die Resonanzaufladung und die Abgasturboaufladung zeigen wir in Abb.82 zwei Motorquerschnitte und in Abb.83 die entsprechenden Motorenkennfelder.

Der Vergleich der beiden Motorkennfelder zeigt, daß die Resonanzaufladung für die Drehzahl von $n = 4.000\,min^{-1}$ abgestimmt wurde. Für kleinere und für größere Drehzahlen fällt das Drehmoment relativ stark ab. Mit einer z.B. in zwei Stufen veränderbaren Länge des Ansaugrohres kann das Drehmoment für zwei verschiedene Drehzahlen optimiert werden. Im Gegensatz dazu liefert die Abgasturboaufladung mit Ladedruckbegrenzung für einen weiteren Drehzahlbereich ein konstantes Drehmoment.

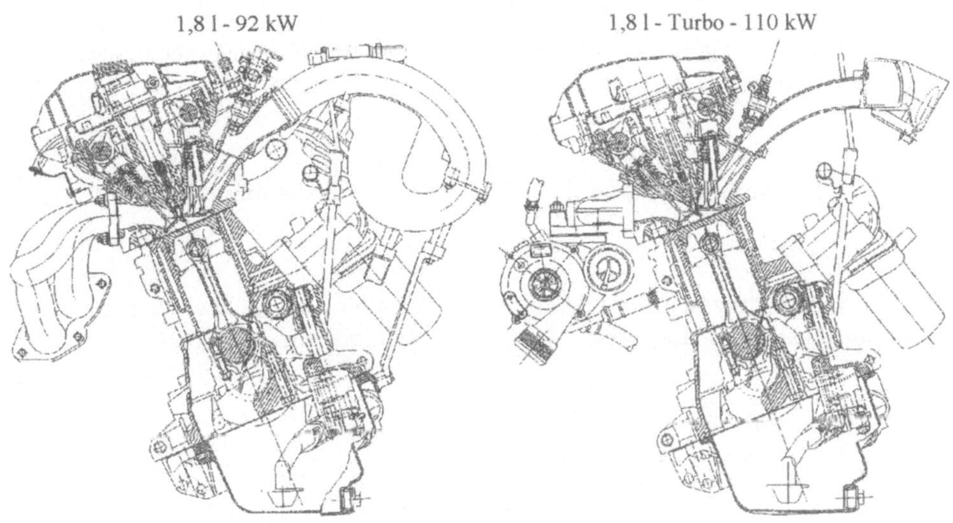

Abbildung 82: Motorquerschnitte des 1,8 Liter Ottomotors von Audi mit: a) Resonanzaufladung 92 kW und b) Abgasturboaufladung 110 kW

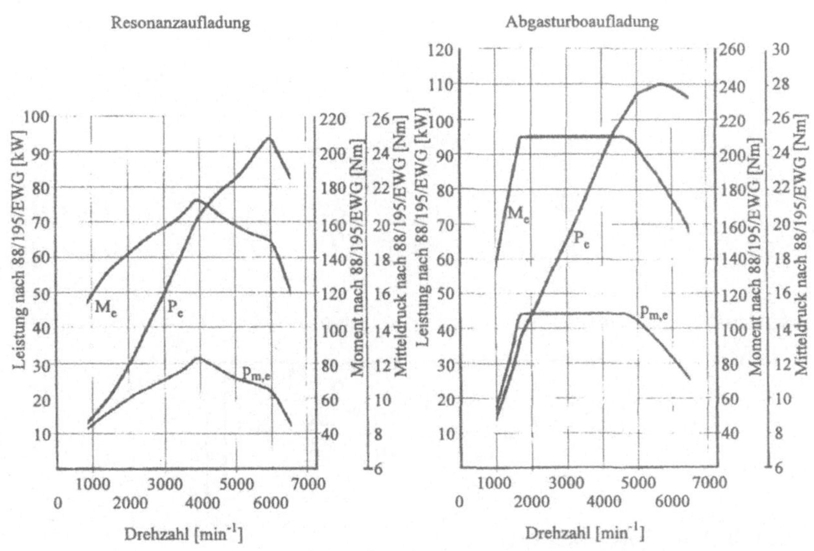

Abbildung 83: Motorkennfelder der in Abb.82 dargestellten Motoren von Audi

7.2   Mechanische Aufladung

Die effektive Leistung des Motors ergibt sich bei Antrieb eines mechanisch ange-
triebenen Laders zu:

$$P_e = P_i\, \eta_m - P_V\, \frac{1}{\eta_G}$$

mit dem Getriebewirkungsgrad η_G. Für die Verdichterleistung erhält man

$$P_V = \dot{m}_V\, \Delta h_{s,V}\, \frac{1}{\eta_{s,V}}\, \frac{1}{\eta_{mV}}$$

Sind die Strömungsgeschwindigkeiten vor und hinter dem Verdichter etwa gleich,
dann folgt aus dem 1. Hauptsatz der Thermodynamik für das isentrope Gefälle:

$$\Delta h_{sV} = c_p T_1 \left[\left(\frac{p_2}{p_1} \right)^{\frac{\kappa-1}{\kappa}} - 1 \right]$$

und den isentropen Wirkungssgrad

$$\eta_{s,V} = \frac{T_{2s} - T_1}{T_2 - T_1}.$$

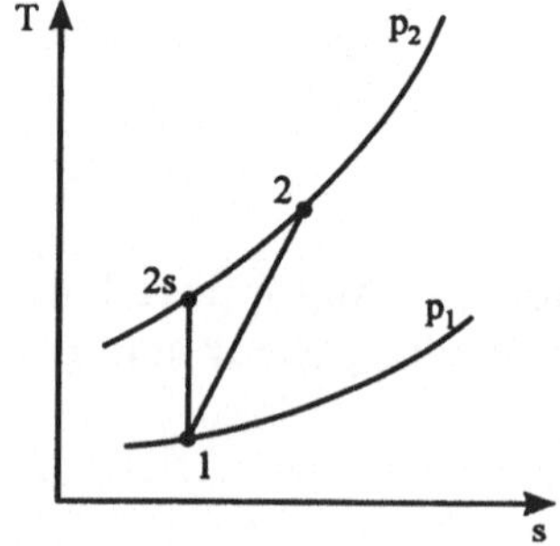

Aus der letzten Beziehung erhält man für die Temperatur nach dem Verdichter

$$T_2 \;=\; T_1 + \frac{T_{2s} - T_1}{\eta_{s,V}}$$

$$\frac{T_2}{T_1} \;=\; 1 + \frac{1}{\eta_{s,V}} \left(\frac{T_{2s}}{T_1} - 1 \right)$$

und daraus mit der Adiabaten

$$\boxed{\;\frac{T_2}{T_1} = 1 + \frac{1}{\eta_{s,V}} \left[\left(\frac{p_2}{p_1} \right)^{\frac{\kappa-1}{\kappa}} - 1 \right]\;}. \qquad (31)$$

Für die durch den Motor strömende Masse gilt:

$$\dot{m}_M = i\,n\,z\,(V_h\, \rho_E\, \lambda_l + m_{sp}).$$

Weil bei der mechanischen Aufladung Motor- und Verdichterdrehzahl starr gekoppelt sind, ergibt sich der in Abb.84 dargestellte Verlauf der Motorbetriebslinie (Motorschlucklinie).

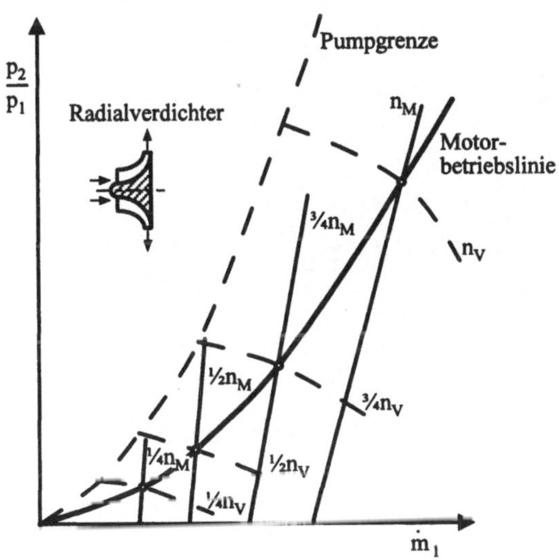

Abbildung 84: Motorbetriebslinie im Verdichterkennfeld bei mechanischer Aufladung

7.3 Abgasturboaufladung

Bei der Abgasturbo-Aufladung wird der Hubkolbenmotor (Verdrängermaschine) mit dem ATL (Strömungsmaschine) nur strömungstechnisch verbunden, was schematisch in Abb.85 dargestellt ist.
Im Vorgriff auf die nachfolgende detaillierte Betrachtung ist in Abb.86 das Zusammenwirken von Motor und Abgasturbolader dargestellt. Die Betriebslinie des Motors ist dabei in das $\pi_v, \dot{V}$- Diagramm des Verdichters eingezeichnet. Die Drehzahlen von Motor und Abgasturbolader sind jetzt nicht mehr starr gekoppelt, sondern werden durch die thermofluiddynamische Kopplung der beiden festgelegt.

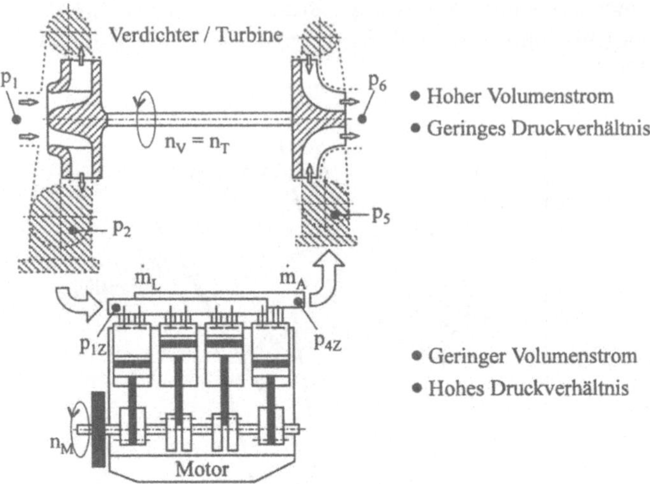

Abbildung 85: Hubkolbenmotor und Strömungsmaschine

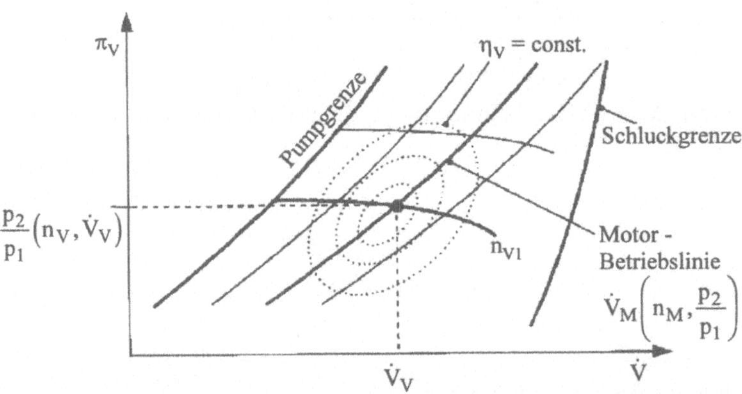

Abbildung 86: Zusammenwirken von Motor und Turbolader

7.3.1 Einstufige Stauaufladung

Das p,V-Diagramm des Seiligerprozesses mit Abgasturboaufladung ist in Abb. 87
dargestellt, wobei der Druck p_4 nach dem Verdichter gleich dem Druck p_5 vor der
Turbine gesetzt wurde. Vor Verdichter und nach Turbine herrsche der Umgebungs-
druck $p_0 = p_6 = p_u$. Beim stationär laufenden Abgasturbolader muß die von der
Turbine abgegebene Leistung gleich der vom Verdichter aufgenommenen sein.

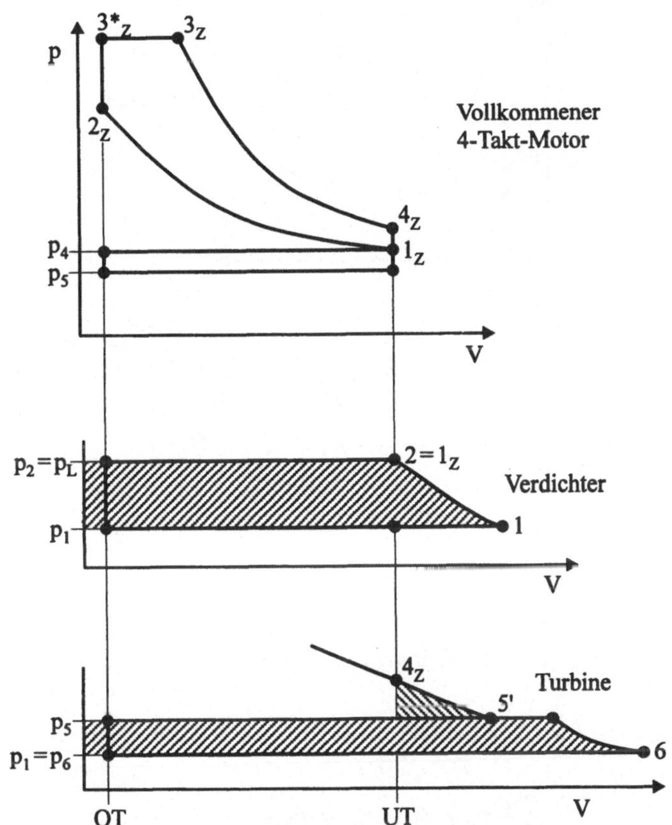

Abbildung 87: p,V-Diagramm für Motor, Verdichter und Turbine bei Stauaufladung

Damit gilt die Leistungsbilanz

$$P_V = P_T$$

mit der Leistung des Verdichters

$$P_V = \dot{m}_V\,\Delta h_{s,V}\,\frac{1}{\eta_{s,V}\,\eta_{m,V}}$$

und der Leistung der Turbine

$$P_T = \dot{m}_T\,\Delta h_{s,T}\,\eta_{s,T}\,\eta_{m,T}.$$

In Abb.88 sind die Zustände vor und nach Verdichter im h,s- Diagramm dargestellt.

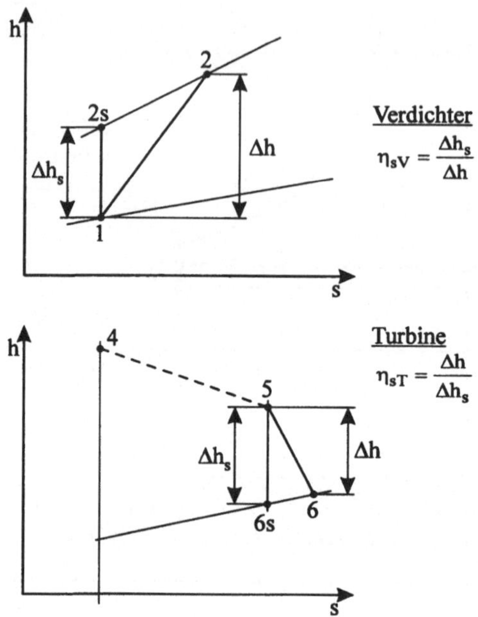

Abbildung 88: h,s-Diagramm für Verdichter und Turbine

Durch Gleichsetzen der Verdichter- und Turbinenleistung erhält man

$$\frac{\dot{m}_T}{\dot{m}_V}\ \eta_{s,T}\ \eta_{s,V}\ \underbrace{\underbrace{\eta_{m,T}\ \eta_{m,V}}_{\eta_{m,ATL}}}_{\underbrace{}}=\frac{\Delta h_{s,V}}{\Delta h_{s,T}}.$$

$$\underbrace{}_{\eta_{ATL}}$$
$$\eta^*_{ATL}$$

Mit dem isentropen Gefälle für den Verdichter

$$\Delta h_{s,V} = c_{pV}\, T_1 \left(\frac{T_2}{T_1} - 1\right) = c_{pV}\, T_1 \left[\left(\frac{p_2}{p_1}\right)^{\frac{\kappa_V - 1}{\kappa_V}} - 1\right]$$

und für die Turbine

$$\Delta h_{s,T} = c_{pT}\, T_5 \left(1 - \frac{T_6}{T_5}\right) = c_{pT}\, T_5 \left[1 - \left(\frac{p_6}{p_5}\right)^{\frac{\kappa_T - 1}{\kappa_T}}\right]$$

erhält man schließlich die Freilaufbedingung oder auch die sog. 1. Hauptgleichung der Abgasturbo-Aufladung

$$\frac{c_{pT}}{c_{pV}} \cdot \eta_{ATL}^* \frac{T_5}{T_1} = \frac{\left(\dfrac{p_2}{p_1}\right)^{\frac{\kappa_V - 1}{\kappa_V}} - 1}{1 - \left(\dfrac{p_6}{p_5}\right)^{\frac{\kappa_T - 1}{\kappa_T}}} \tag{32}$$

eine Beziehung für die Druckverhältnisse zwischen Verdichter und Turbine, die qualitativ in Abb.89 und als Funktion:

$$\frac{p_2}{p_1} = f\left(\frac{p_5}{p_6}, \eta_{ATL}^* \frac{T_5}{T_1}\right)$$

in Abb.90 für $\kappa_V = \kappa_T = 1.4$ dargestellt ist.

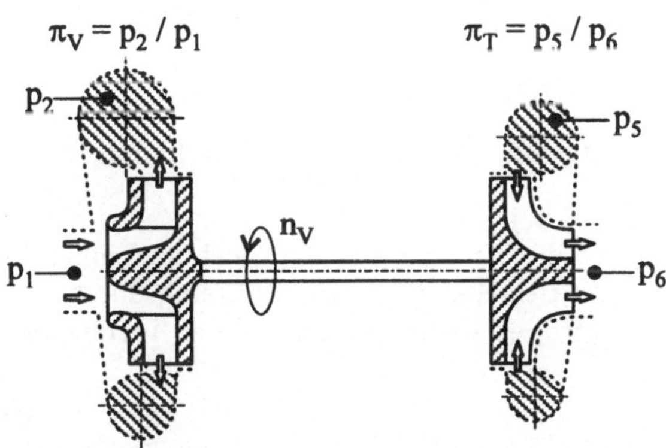

Abbildung 89: Leistungsbilanz eines ATL

Weil die Zusammensetzung der durch den Verdichter strömenden Frischluft und des durch die Turbine strömenden Abgases verschieden ist, muß zwischen den Stoffwerten c_p und κ für diese beiden Gasströme unterschieden werden, was durch den zusätzlichen Index V bzw. T zum Ausdruck gebracht werden soll. Da sowohl die Massenströme $\dot{m}_V$ und $\dot{m}_T$ als auch die spezifischen Wärmekapazitäten c_{pV} und c_{pT} nur geringfügig differieren, können diese Unterschiede näherungsweise im modifizierten Wirkungsgrad η_{ATL}^* mit berücksichtigt werden.

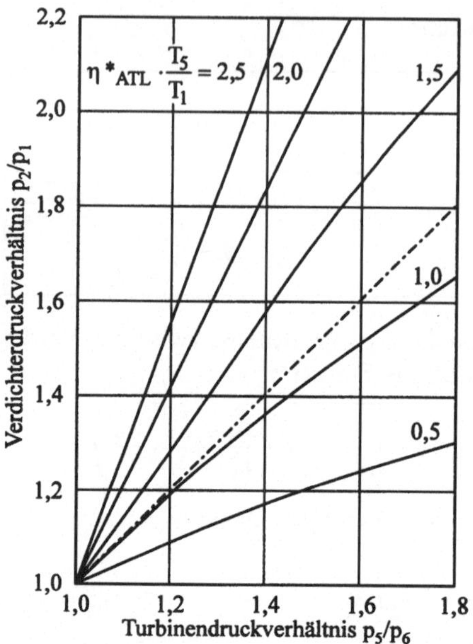

Abbildung 90: 1. Hauptgleichung der Abgasturboaufladung (Freilaufbedingungen)

Der Massenstrom durch die Turbine, das sog. Turbinenschluckvermögen, läßt sich näherungsweise mit der Beziehung für die Strömung durch Verengung (Drossel) ermitteln. Für den isentropen Ersatzquerschnitt der Turbine erhält man damit

$$\dot{m}_T = A_{s,T}\,\rho_S\,\nu_S, \quad \text{mit}$$

$$\rho_S = \frac{p_5}{R_T\,T_5}\left(\frac{p_6}{p_5}\right)^{\frac{1}{\kappa_T}},$$

und

$$\nu_S = \sqrt{\frac{2\kappa_T}{\kappa_T - 1}R_T\,T_5\left[1 - \left(\frac{p_6}{p_5}\right)^{\frac{\kappa_T - 1}{\kappa_T}}\right]}.$$

Einsetzen von ρ_S und ν_S in die Beziehung für $\dot{m}_T$ und Umformung liefert schließlich den Ausdruck

$$\dot{m}_T\,\frac{\sqrt{T_5}}{p_5} = A_{s,T}\sqrt{\frac{2\kappa_T}{R_T(\kappa_T - 1)}\left[\left(\frac{p_6}{p_5}\right)^{\frac{2}{\kappa_T}} - \left(\frac{p_6}{p_5}\right)^{\frac{\kappa_T + 1}{\kappa_T}}\right]}. \tag{33}$$

Dies ist die sog. 2. Hauptgleichung der Abgasturbo-Aufladung

$$\dot{m}_T \frac{\sqrt{T}_5}{p_5} = A_{s,T} \cdot f\left(\frac{p_5}{p_6}, \kappa_T\right)$$

die in Abb.91 qualitativ dargestellt ist.

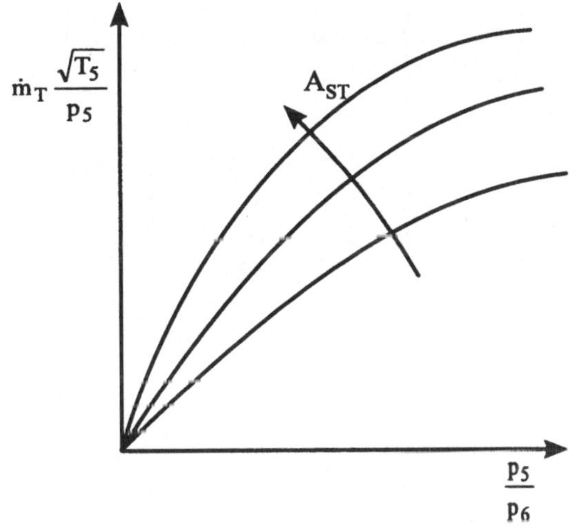

Abbildung 91: 2. Hauptgleichung der Abgasturbo-Aufladung

Der isentrope Turbinen-Ersatzquerschnitt ist näherungsweise konstant und nur vom geometrischen Turbinenquerschnitt abhängig; die Abhängigkeit von der Drehzahl des Abgasturboladers und vom Druckverhältnis p_5/p_6 wird dabei vernachlässigt.
Eine genauere Darstellung wird möglich, wenn der Abgasturbolader statt mit dieser relativ einfachen Näherung durch Kennfelder für den Verdichter und die Turbine beschrieben wird, siehe dazu [21].
 Mit Hilfe des in Abb.92 dargestellten Kennfeldes für den Verdichter, der Freilaufbedingung und der Turbinenschlucklinie kann der erforderliche Turbinenquerschnitt, d.h. die Größe der Turbine, festgelegt werden. Man überlegt sich leicht, daß der gewählte Turbinenquerschnitt und damit die gewählte Turbine nur für einen bestimmten Betriebspunkt optimal ist. Für kleinere als die gewählte Motordrehzahl wäre eine Turbine mit kleinerem Querschnitt und für höhere Drehzahlen eine größere Turbine erforderlich. Bei kleineren Drehzahlen führt die dort zu große Turbine zu einem Drehmomenten- bzw. Leistungsabfall. Eine für einen größeren Drehzahlbereich gültige Abstimmung kann durch

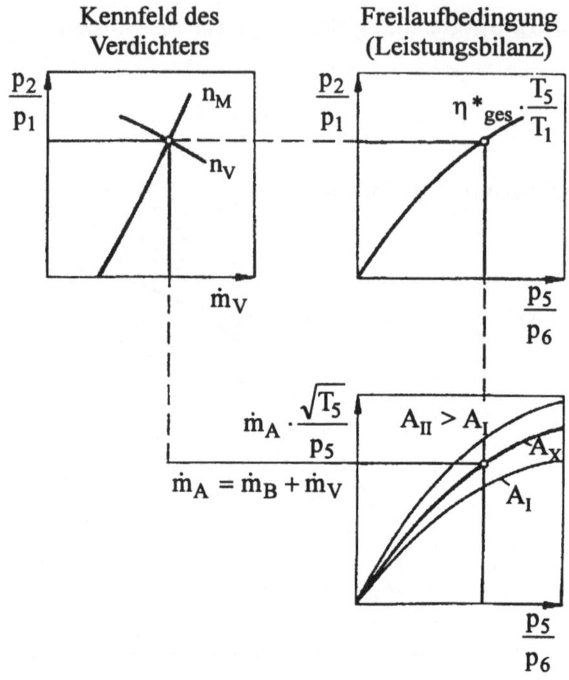

Abbildung 92: Ermittlung des Turbinenquerschnitts

- Ladeluftabblasung (wastegate),

- Abgasabblasung (Ladedruckbegrenzung),

- Turbine mit verstellbarer Geometrie (VTG-Lader), d.h. mit variablem Turbinenquerschnitt,

- Registeraufladung

erreicht werden. Das Prinzip der Registeraufladung mit zwei gleich großen Abgasturboladern ist in Abb.93 dargestellt, der linke ATL ist zu- der rechte abgeschaltet. Beim Hochfahren des Motors wird nach Erreichen einer bestimmten Drehzahl der zweite Lader zugeschaltet.

Das resultierende Motorkennfeld ist in Abb.94 dargestellt. Die Zuschaltung des jeweiligen Abgasturboladers erfolgt bei einer Drehzahl von 1600 $1/min$. Als Schaltkriterium kann statt einer bestimmten Drehzahl auch eine bestimmte Leistung oder auch eine Kombination aus beiden verwendet werden. Weil jeder Abgasturbolader wieder einen optimalen Betriebspunkt hat, treten im Motorkennfeld zwei Verbrauchsminima auf. Man erkennt damit sofort, daß bei Verwendung von n-ATL´n auch n-Verbrauchsminima im Kennfeld auftreten.

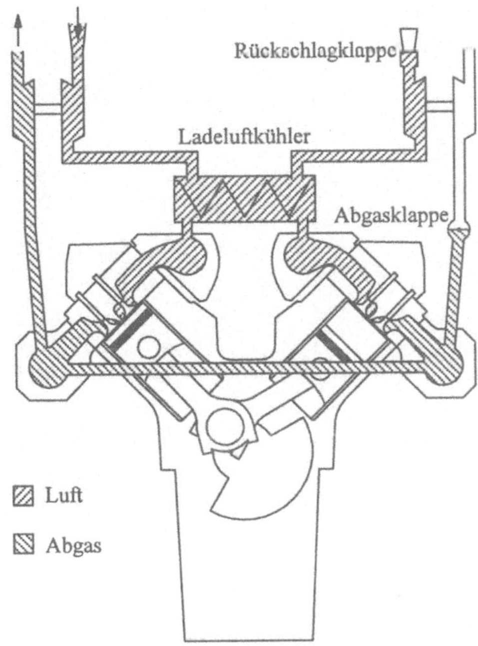

Abbildung 93: Prinzip der einstufigen Registeraufladung

Die Registeraufladung ist heute Standard, wobei in der Regel mehrere gleich große Abgasturbolader sukzessive zu- bzw. abgeschaltet werden. Die Verwendung verschieden großer Abgasturbolader, die zwar den Vorteil einer besseren Anpassung des Motorkennfeldes an den „Verbraucher" hat, hat sich wegen der dabei auftretenden „Wechselschaltung" (Zuschalten eines größeren und Abschalten eines kleineren Laders) in der Praxis nicht durchgesetzt. Bei Anwendungsfällen mit häufigen Schaltvorgängen sind die Schaltorgane und die Abgasturbolader hohen technischen Belastungen ausgesetzt, die zu LCF-(Low-cycle-fatigue) Problemen führen können. Für eine ausführliche Beschreibung des Entwicklungsstandes schnellaufender hochaufgeladener 4-Takt-Dieselmotoren sei auf [22] verwiesen.

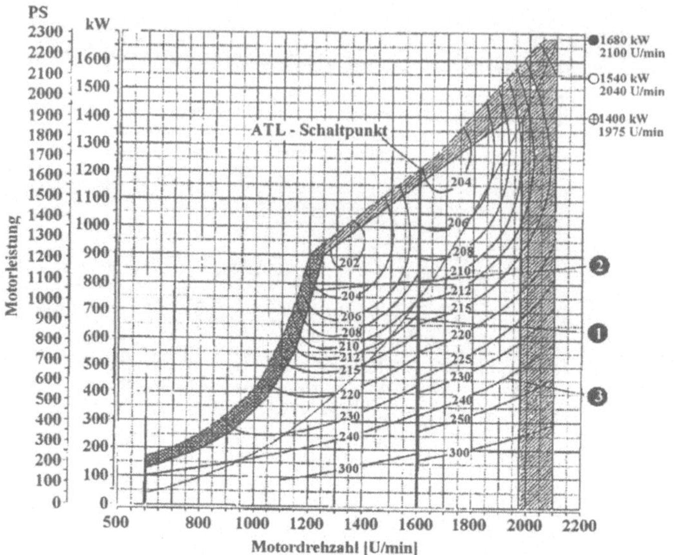

Abbildung 94: Motorkennfeld des Motors MTU 12V 396 als Schiffshauptantrieb

7.3.2 Zweistufige Stauaufladung

Abb.95 zeigt das Prinzipschema der ein- und zweistufigen Abgasturboaufladung
mit Zwischenkühlung. Unter der Voraussetzung, daß jeweils der gleiche Ladedruck
erreicht wird, ist infolge der Zwischenkühlung (=Niederdruck-LLK) die Verdich-
terarbeit bei der zweistufigen Aufladung geringer als bei der einstufigen,

$$w_{t,21} + w_{t,22} < w_{t,1}.$$

Dementsprechend sind die insgesamt abzuführenden Wärmemengen ebenfalls kleiner,

$$q_{21} + q_{22} < q_1.$$

Bei Verwendung von unendlich vielen Zwischenkühlern würde theoretisch eine
isotherme Verdichtung erreicht werden. In Abb.96 ist das Kennfeld des Motors
MTU 12V 595 mit zweistufiger Registeraufladung dargestellt, wobei dieser Motor
mit vier zweistufigen Ladergruppen, die sukzessive zu- bzw. abgeschaltet werden
(deshalb Registeraufladung), ausgestattet ist. Die Schaltpunkte der ATL sind eingezeichnet. Während der sog. Basislader ständig mitläuft, wird die zweite ATL-
Gruppe bei n=1100 1/min (bzw. niedriger Drehzahl bei höherer Last) und die
dritte ATL-Gruppe bei n=1500 1/min (bzw. lastabhängig) zugeschaltet. Die vier-
te ATL-Gruppe wird lastabhängig im Vollastbereich zugeschaltet. Entsprechend
den vier ATL-Gruppen weißt das Kennfeld des Motors vier Verbrauchsminima aus.

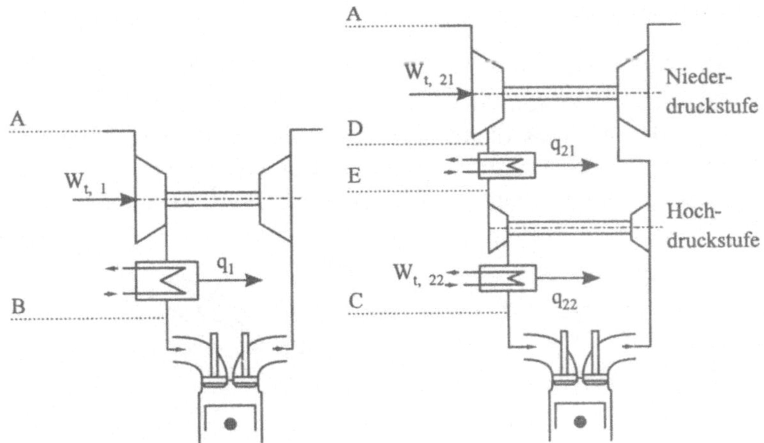

Abbildung 95: Einstufige und zweistufige Abgasturbo-Aufladung

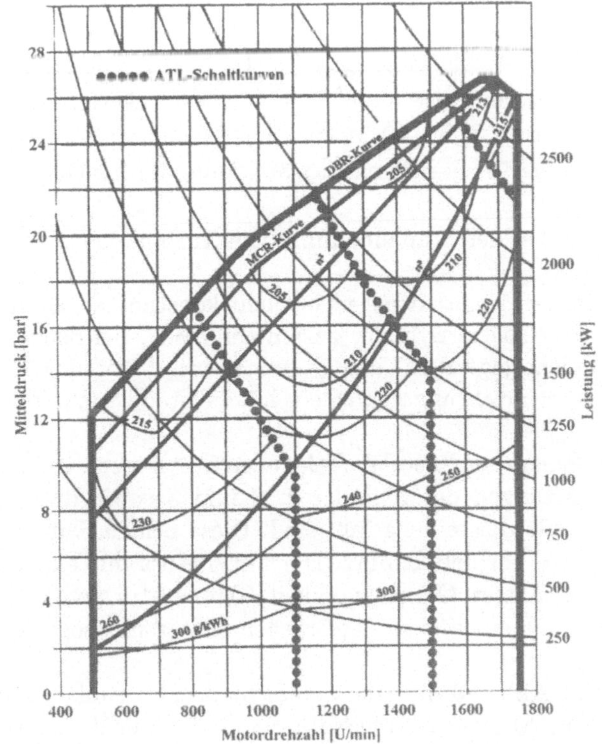

Abbildung 96: Kennfeld des Motors MTU 12V 595 mit zweistufiger Registeraufladung

7.3.3 Stoßaufladung

Bei der Stoßaufladung hält man das Volumen der Abgasleitung sehr klein. Damit
wird eine sehr schnelle Füllung der Leitung erreicht und ein großer Teil der kinetischen Energie des Abgases bleibt dadurch erhalten. In Abb.97 sind Stau- und
Stoßaufladung im h,s-Diagramm dargestellt. Die prinzipiellen Unterschiede sind
deutlich erkennbar. Das Enthalpiegefälle an der Turbine ist bei der Stoßaufladung

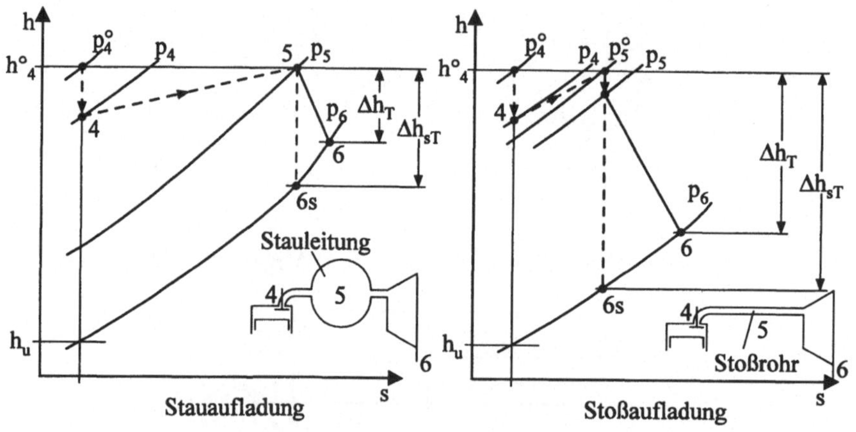

Abbildung 97: Stau- und Stoßaufladung im h,s-Diagramm

deutlich größer als bei der Stauaufladung. Die Turbine ist allerdings instationär
beaufschlagt.
Weil der Druck in der Abgasleitung nicht mehr konstant ist, kann man bei Mehrzylindermotoren nur solche Zylinder zusammenfassen, bei denen die Druckstöße
im Abgassystem nicht gegenseitig den Ladungswechsel stören. Für einen störungsfreien Betrieb werden erfahrungsgemäß ein Zündabstand von mindestens $240°KW$
benötigt.
Abb.98 zeigt das Schema eines stoßaufgeladenen 6-Zylinder Viertakt-Dieselmotors,
wobei die Abgasleitungen der Zylinder 1, 2 und 3 sowie diejenigen der Zylinder 4, 5 und 6 jeweils zusammengefaßt sind. Diese beiden Sammelabgasleitungen
werden getrennt zur Turbine geführt. Die Turbine ist mit einem sog. Zwillings
Spiralgehäuse ausgestattet. Geschwindigkeit, Temperatur und Druck als Funktion
des Kurbelwinkels für einen stoßaufgeladenen Motor mit sog. 6er- und 3er-Stoß
zeigt Abb.99.
Abschließend zeigt Abb.100 das mit unterschiedlichen Aufladeverfahren erreichbare Motorkennfeld. Mit der 2-stufigen Stauaufladung in Registerausführung läßt
sich ein sehr breites Kennfeld darstellen, mit der 1-stufigen Stoßaufladung dagegen
ein relativ konstantes Drehmoment bei hoher Leistung.

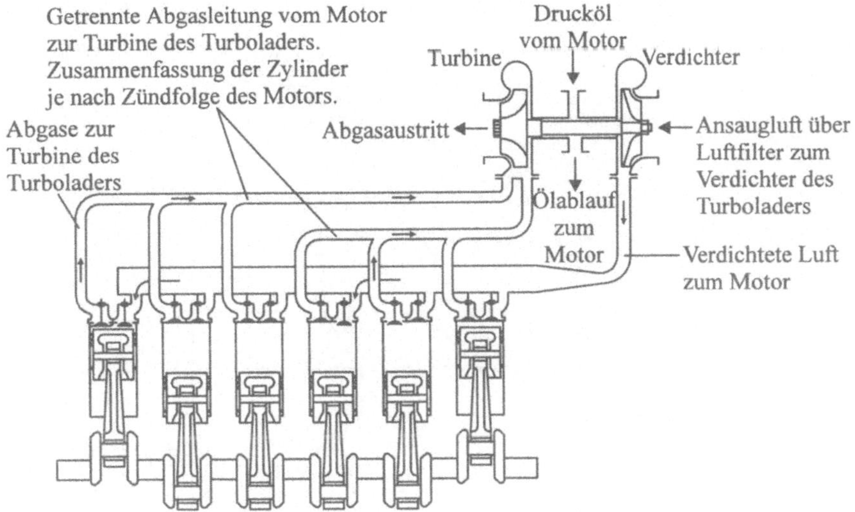

Abbildung 98: Stoßaufgeladener 6-Zylinder-Viertaktmotor

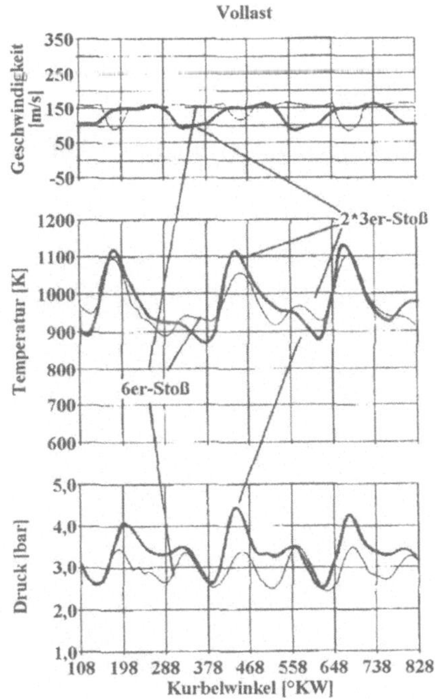

Abbildung 99: Vergleich des 6er- und 3er-Stoßes beim Motor MTU MT880

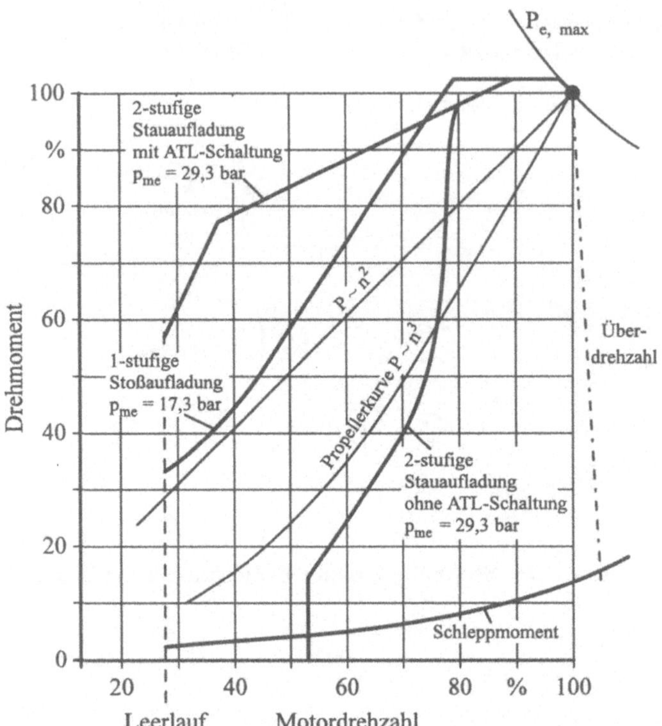

Abbildung 100: Vergleich verschiedener Aufladeverfahren

8 Geschichte

8.1 Überblick

Die Geschichte des Verbrennungsmotors ist ein wesentlicher Bestandteil der Geschichte der Technik schlechthin. Ihre eigentlichen Wurzeln gehen zurück auf die Erfindung der Kanone. Abgeschlossen ist die Geschichte aber heute bei weitem nicht. Neue Randbedingungen wie die zunehmende Gewichtung der ökologischen Aspekte brachten und bringen eine Fülle neuer und anspruchsvoller Aufgabenstellungen, von denen etliche noch immer einer Lösung harren.

Die nachstehende Chronologie* aus [23] mit Nennung der wichtigsten Exponenten und anderer signifikanter Daten einzelner Epochen soll einen Überblick über die verschiedenen charakteristischen Phasen der Geschichte des Verbrennungsmotors vermitteln. Sie zeigt auch, daß einige Ideen bereits vor Jahrzehnten geboren wurden. Etliche scheitern an den ungenügenden technischen Möglichkeiten, während andere trotz erfolgreicher Umsetzung aus den unterschiedlichsten Gründen nach einiger Zeit vorübergehend oder vollständig verschwanden.

- **Vorläufer**

17.Jh   Theoretische Ansätze für atmosphärische Motoren (= Erzeugung von Unterdruck im Zylinder, Arbeitsleistung durch Unterdruck) Huygens (F), 1673, Heißluft, Schießpulver

18.Jh   *−dampfgetrieben* :
Papin (F) 1695
Neucomen (GB) 1717
Watt (GB) 1775, Entwicklung der **Dampfmaschine**, industrielle Bedeutung bis Ende des 19 Jh.
−heissluftgetrieben :
Wood (GB) 1759

19.Jh   *−mit innerer Verbrennung* : (industrielle Bedeutung ab 1860)
de Rivaz (Ch) 1805, *Fahrzeug mit Gasmotor* (El. Zündung, Gaswechselorgane handbetätigt)
−Heissluftmotor : (industrielle Bedeutung bis Ende 19 Jh.)
Calgley (GB) 1807
Stirling (GB) 1816

1820-1860 Schrittweise Entwicklung zum industriellen Produkt

---

*Wesentliche Gedanken dieses Kapitels sind einem Vorlesungsmanuskript entnommen, das mir freundlicherweise Herr Prof. Dr.-Ing. Meinrad Eberle, Leiter des Institut für Energietechnik und des Laboratoriums für Verbrennungsmotoren und Verbrennungstechnik an der ETH-Zürich, zur Verfügung gestellt hat.

● **Entwicklung zum industriellen Produkt**

1824   **Carnot:** Theorie der thermodynamischen Prozesse (*Wirkungsgrad*)

1820-1860 Suche nach technischen Lösungen
       −*Atmosph. Motor* :
       Cecil (GB) 1820, Brown (GB) 1823, Morey (GB) 1826, Barsanti u.
       Matteucci (I) 1854
       −*Motor ohne Kompression* :
       Wright (GB) 1833, Perry (USA) 1844, Drake (USA) 1843
       −*Motor mit Kompression* :
       Barnett (GB) 1838

1860   **Lenoir (F), Seriengasmotor ohne Kompression**, Doppelwirkend,
       el. Zündung,
       $P_e = 2.2\,kW, \quad \eta_e = 7\%$, Produktion ca. 600 Stk.

● **Anfänge der Verbrennungsmotorenindustrie**

1866ff   −*Motoren ohne Kompression*
       Lenoir (F), 1860, Gasmotor, ca. 600 Stk.
       Hugon (F), 1865, Gasmotor, Kleinserie
       Bisshop (F), 1870 Gasmotor $P_e \leq \frac{1}{4}kW$, ca. 2000 Stk. bis 1895

       −*Atmosphaerische Motoren*
       Otto + Langen 1867 (D), bis 1882 ca. 2600 Stk. (Deutz) und ca.
       1800 Stk. in Lizenz
       1. Anbieter einer Typenreihe
       $P_e = 1.5 \quad bis \quad 2.5\,kW, \quad n = 2 - 1.5\,s^{-1}$
       $\eta_e = 8 - 11\%, \quad m = 400 - 2000\,kg$

● **Der Weg zum modernen Verbrennungsmotor**

1861   N.A- Otto (D), Versuche mit Verdichten des Gemisches

1862   Beau de Rochas (F), **4-Takt-Patent** nicht realisiert

1876   N.A. Otto (D), Erster betriebsfähiger 4-Takt-Motor
       Gasmotor mit Flammzündung, $P_e = 2.2\,kW, n = 3\,s^{-1}$,
       $c_k = 1.8\,\frac{m}{s}, \epsilon = 2.7, \eta_e = 15\%$
       Patenterteilung mit Hauptanspruch auf Schichtladung,
       Industrielle Nutzung

1877   Serienproduktion des Otto Motors in der Gasmotorenfabrik Deutz;
       Beginn der 2-Takt-Entwicklung

1884   Daimler/Maybach (D) bauen schnellaufenden Ottomotor mit Glüh-
       rohrzündung und $P_e = 0.7\,kW$ und Übergang auf flüssigen Treibstoff
       (Vergaser)
       Benz (D), **2-Takt-Motor mit Kolbenunterseite-Spülung**

1885   Daimler/Maybach Motorrad

1886	Daimler/Maybach Motorwagen
	Daimler/Maybach Motorboot
	Otto-Patente annulliert
	2-Takt-Motor in der Zeit vorübergehend ohne Bedeutung
	Entwicklung von Benzinmotoren und stationären Gasmotoren
1890	Maybach, 5-PS-Reihenmotor
1899	Daimler/Maybach Triebwagen
1900	Daimler/Maybach Luftschiff, Entwicklung zur Antriebsquelle mit hoher Leistungsdichte für mobilen Einsatz,
	Der Gasmotor wird durch den Dieselmotor verdrängt, seine Entwicklung und industrielle Bedeutung geht bis ca. 1920.

• Das Ende vom Anfang

1872	Brayton (USA), Barnett-System mit Speicher, Treibstoffeinblasen mit Luft
1877	Selden Patente
1892	**R.Diesel**(D), Patenterteilung, (Anspruch: Carnotprozeß, p_c bis 250 bar, Selbstzündung)
1892	Vertrag mit Sulzer- Beginn der 1.Versuchsphase
1897	**Dieselmotor**, $P_e = 13\ kW$, $n = 2.5\,s^{-1}$, $p_{max=34\,bar}$
	$\eta_e = 26\%$
	bis
1900	2. Versuchsphase, (2-Takt, Kohlenstaub-Petrol, Gas-Petrol-Mischbetrieb, Aufladung usw.)
1982	$\eta_e = 50\%$

8.2 Vorläufer

Die erste bekannte Wärmekraftmaschine mit Arbeitskolben ist die von Christian Huygens. Sie wurde 1629-95 zum Heben von Wasser aus der Seine in die Gärten von Versailles konstruiert, und er dokumentierte sie 1673 in einem Brief an seinen Bruder als Pulvermaschine. Der anvisierte thermodynamische Prozeß

- Entzünden des eingebrachten Brennstoffes
- Expansion und Reduktion des Zylinderinhaltes durch Abblasen
- Erzeugung eines Unterdruckes im Zylinder durch Abkühlung
- Arbeitsleistung des Umgebungsdruckes und durch das Gewicht des Kolbens

hat denjenigen des beinahe 150 Jahre später auftauchenden atmosphärischen Gasmotors vorweggenommen. Es ist anzunehmen, daß die Verwendung von Schießpulver eher abschreckte, so daß sich in Ermangelung eines geeigneten Brennstoffes (-die Herstellung von brennbarem Gas aus Holz oder Kohle begann erst etwa

100 Jahre später-) die Entwicklung von Maschinen zur Erzeugung von Arbeit aus Wärme auf Motoren mit äußerer Verbrennung (Dampfmaschine, Heißluftmotor) konzentrieren mußte. Eine Ausnahme stellt ein 1807 in Frankreich patentierter atmosphärischer Gasmotor mit handbetätigten Gaswechselorganen dar.

Nicht zuletzt wegen des Fehlens eines geeigneten Treibstoffes für den mobilen Einsatz von Verbrennungsmotoren konzentriert sich die Erfindungstätigkeit auf die Suche nach Lösungen für stationäre Anwendungen als Alternative zur Kolbendampfmaschine, der zu der Zeit dominierenden, aber für Kleinbetriebe schlecht geeigneten Wärmekraftmaschine.

8.3 Der Weg zum modernen Verbrennungsmotor

In der zweiten Hälfte des 19.Jahrhunderts konnte die Nachfrage nach einer stationären, vergleichsweise kompakten und kessellosen Antriebsquelle für den Einsatz in Industrie und Gewerbe durch die auf den Markt gelangenden Gasmotoren endlich befriedigt werden. Die angebotenen Leistungen, die 2 kW kaum überschritten, und Wirkungsgrade von 10% und weniger waren allerdings sehr bescheiden. In die Reihen der Fabrikanten von Gasmotoren reihte sich auch Nikolaus August Otto (1832-1891), ein technisch interessierter und begabter Kaufmann, erfolgreich ein.

Nach Versuchen mit einem Lenoir-Motor mit Alkoholbetrieb mit dem Ziel, einen vom Leuchtgasnetz unabhängigen Motor anbieten zu können, folgten 1861 verschiedene Grundsatzversuche an einem verkleinerten Lenoir-Modellmotor. Ein in dem selben Jahr gebauter 4-Zylinder-Motor erwies sich als Fehlschlag. Um dem Problem der gefürchteten Schläge auf den Kurbeltrieb aus dem Wege zu gehen, entstand 1863 ein atmosphärischer Gasmotor mit Antrieb über ein Schaltwerk. Der Motor erhielt 1867 an der Pariser Ausstellung wegen seines im Vergleich zur Konkurrenz überlegenen Wirkungsgrades den Grand Prix und wurde in der Folge zur Serienreife weiterentwickelt. Dieser Motor wurde dann von der Gasmotorenfabrik Deutz AG und deren Lizenznehmer in mehreren tausend Exemplaren hergestellt. Der letzte derartige Motor wurde zu Beginn des 20.Jahrhunderts ausgeliefert.

In der Mitte der 70er Jahre des 19.Jahrhunderts. ging die Nachfrage nach atmosphärischen Gasmotoren, auch des Typs Deutz, stark zurück, da die angebotene Leistung immer weniger genügte. Der deutlich leistungsfähigere Heißluftmotor wurde trotz seines schlechten Wirkungsgrades zur ernsthaften Konkurrenz. Nikolaus August Otto glaubte, daß die von ihm aufgestellte zentrale Forderung nach langsamer Verbrennung ohne harte Stöße mittels einer Schichtladung (fettes Gemisch bei der Zündquelle und mageres Gemisch am Kolben) realisieren zu können, so daß der Umsetzung früherer Erfahrungen mit Vorkompression der Zylinderladung nichts mehr im Wege stehen würde. 1876 entstand ein erster Prototyp des klassischen Viertaktmotors mit Flammzündung, dessen Indikatordiagramm in Abb.101 dargestellt ist. Der überlegene Wirkungsgrad des Viertaktmotors erlaubte eine unmittelbare und erfolgreiche industrielle Verwertung. Als Folge einer restrik-

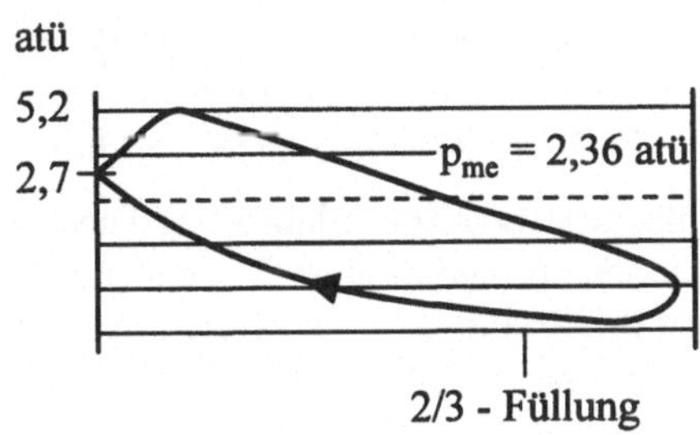

Abbildung 101: Indikatordiagramm des ersten Viertakt-Motors

tiven Lizenzvergabe in Deutschland setzte eine intensive Entwicklung von 2-Takt-Gasmotoren ein. Die Klage Ottos gegen den Hersteller von 2-Takt-Motoren wegen Verletzung seines Schichtladepatents brachte das Patent 1886 in einem Reichsgerichtsprozeß zu Fall. Der Weg war damit auch frei für die Entwicklung von leichten, schnellaufenden 4-Takt-Motoren für flüssige Brennstoffe, die eine Grundvoraussetzung für den Fahrzeugantrieb bilden. Die diesbezüglich maßgebenden Pioniere waren die ehemaligen Mitarbeiter Ottos, Gottlieb Daimler (1834-1900) und Wilhelm Maybach (1846-1929). Ab Mitte der 80er Jahre des vergangenen Jahrhunderts begann eine rasante Entwicklung des Verbrennungsmotors zur Antriebsquelle mit hoher Leistungsdichte für den mobilen Einsatz.

8.4 Das Ende vom Anfang

1878 wurde Rudolf Diesel (1858-1913) während seines Studiums am Polytechnikum in München mit dem Carnot´schen Lehrsatz konfrontiert und in ihm wurde der nachhaltig verfolgte Gedanke wachgerufen, den Carnot´schen Idealprozeß irgendwie zu realisieren. Die isotherme Kompression hoffte er mittels Wassereinspritzung verwirklichen zu können, die isotherme Expansion mittels geeigneter Verbrennungsführung. Daß die angestrebten hohen Kompressionsdrücke von 250 bar eine Verdichtung und damit den Einsatz von Gas-Luftgemischen wegen ihrer Klopfneigung keinesfalls zuließen, war Diesel klar. 1892 erfolgte die Anmeldung eines Patents (s. Abb.102), wobei die dort erwähnte Selbstzündung des gegen Ende der Kompression eingebrachten Brennstoffs nur in einem Unteranspruch patentiert und von Diesel immer als nebensächlich eingestuft wurde. Weder Diesel noch das Kaiserliche Patentamt haben bemerkt, daß die Patentanmeldung im Hinblick auf die Verwirklichung des Carnot-Prozesses Unmögliches enthielt.

Noch bevor mit den ersten Versuchen begonnen wurde, sind im Jahre der Patenterteilung mit der Maschinenfabrik Augsburg, mit Krupp und mit Sulzer bereits Lizenzverträge abgeschlossen worden. Im folgenden Jahr ist dann bei der Maschinenfabrik Augsburg mit dem Aufbau eines Versuchsmotors mit einer bezüglich Kompressionsdruck sehr viel bescheideneren Auslegung als ursprünglich anvisiert begonnen worden. Nach vielen Fehlschlägen bezüglich der Art der Einbringung des Brennstoffs wurde mit dem dritten Einzylinder-Versuchsmotor 1897 der erste eigentliche Dieselmotor mit einem Wirkungsgrad von bereits 25% realisiert.

Nach erheblichen Anlaufschwierigkeiten erlebte das Dieselkonzept nach der Jahrhundertwende sehr rasch seinen eigentlichen Durchbruch als Alternative zu Gasmotoren und Kolbendampfmaschinen im stationären und bald auch maritimen Bereich. In der Zwischenkriegszeit erfolgten dann schließlich erste Versuche in Straßenfahrzeugen und sogar Flugzeugen.

Rudolf Diesel hat die effizienteste Wärmekraftmaschine geschaffen (1982 ist damit erstmals in Serie ein Wirkungsgrad von 50% überschritten worden), und Nikolaus August Ottos Erfindung schaffte die Voraussetzung für die Entwicklung einer hochdynamischen Antriebsquelle mit hoher Leistungsdichte. Das klassische Hubkolbenprinzip erweist sich auch heute noch als die insgesamt optimalste Lösung für die Realisierung einer Wärmekraftmaschine mit innerer Verbrennung. Die Bandbreite der Anwendungen reicht heute von daumengroßen Modellmotoren über alle Arten des Antriebes, von stationären oder mobilen Geräten, Fahrzeugen usw. bis hin zu den Großmotoren für den Einsatz in Schiffen und Kraftwerken. Mit weit über 1 Milliarde kW jährlich installierter Leistung ist der Verbrennungsmotor die wirtschaftlich bedeutendste Antriebsquelle geblieben. Seine Weiterentwicklung bezüglich Wirkungsgradsteigerung, Emissionsminderung, Gewichtsreduktion, Erhöhung von Zuverlässigkeit und Lebensdauer usw. ist längst noch nicht abgeschlossen und wird weiterhin eines der komplexesten, vielseitigsten und damit interessantesten Arbeitsgebiete des Ingenieurs bleiben.

Für eine ausführliche Darstellung der geschichtlichen Entwicklung des Otto- und Dieselmotors sei auf [24], [25], [26] und [27] verwiesen.

Abbildung 102: Patenturkunde Nr. 67207 vom 23. Februar 1892 des Kaiserlichen
Patentamtes in Berlin

9 Gasturbine

In diesem Kapitel wollen wir lediglich die wesentlichen Grundlagen, die für das Verständnis der Funktionsweise einer Gasturbine notwendig sind, erläutern. Auf Details kann deshalb hier nicht eingegangen werden. Weiterführende Informationen bezüglich Fluggasturbinen finden sich z.B. bei [28] und bei [29].

9.1 Thermodynamische Grundlagen

9.1.1 Der einfache Joule-Prozeß

Abb.103 zeigt den einfachen Joule-Prozeß als den idealen Kreisprozeß der Gasturbine im p, v-Diagramm und im T, s-Diagramm.

Für diesen reversiblen Idealprozeß erhält man für die zu- und abgeführte Wärme

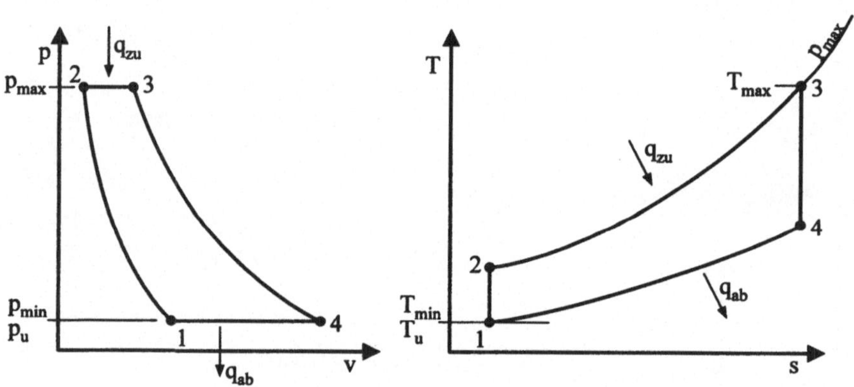

Abbildung 103: Einfacher Joule-Prozeß

$$q_{zu} = c_p(T_3 - T_2)$$
$$q_{ab} = c_p(T_4 - T_1)$$

und damit für die technische Arbeit

$$W_t = c_p(T_3 - T_2) - c_p(T_4 - T_1)$$

und daraus durch einfache Umstellung

$$W_t = c_p(T_3 - T_4) - c_p(T_2 - T_1)$$

wobei der erste Term auf der rechten Seite die spezifische Arbeit des Verdichters und der zweite Term die spezifische Arbeit der Turbine darstellt.

Mit dem Druckverhältnis $\pi \equiv p_2/p_1$ erhält man für die reversible Verdichtung und Expansion

$$\pi = \left(\frac{T_2}{T_1}\right)^{\frac{\kappa}{\kappa-1}} = \left(\frac{T_3}{T_4}\right)^{\frac{\kappa}{\kappa-1}}$$

und daraus

$$\frac{T_3}{T_4} = \frac{T_2}{T_1} = \pi^{\frac{\kappa}{\kappa-1}} \equiv \gamma.$$

Für den isentropen Wirkungsgrad erhält man

$$\begin{aligned}
\eta_s &= 1 - \frac{q_{ab}}{q_{zu}} \\
&= 1 - \frac{T_4 - T_1}{T_3 - T_2} \\
&= 1 - \frac{T_1}{T_2} \frac{\dfrac{T_4}{T_1} - 1}{\dfrac{T_3}{T_2} - 1}
\end{aligned}$$

Der zweite Multiplikator ist gleich eins, damit erhält man

$$\boxed{\eta_s = 1 - \frac{T_1}{T_2} = 1 - \left(\frac{1}{\pi}\right)^{\frac{\kappa-1}{\kappa}}}. \tag{34}$$

Der isentrope Wirkungsgrad des einfachen Joule-Prozesses nimmt damit mit steigendem Druckverhältnis zu. Aus der oben abgeleiteten Beziehung für die technische Arbeit folgt durch Umformung

$$\begin{aligned}
W_t &= c_p T_3 \left(1 - \frac{T_4}{T_3}\right) - c_p T_1 \left(\frac{T_2}{T_1} - 1\right) \\
&= c_p T_1 \frac{T_3}{T_1} \left(1 - \frac{1}{\gamma}\right) - c_p T_1 (\gamma - 1)
\end{aligned}$$

Mit dem Temperaturverhältnis $\tau = T_3/T_1$ folgt daraus

$$\frac{W_t}{c_p T_1} = \tau(1 - \frac{1}{\gamma}) - (\gamma - 1).$$

Aus dieser Beziehung ergibt sich mit

$$\frac{\partial W_t}{\partial \gamma} = \frac{\tau}{\gamma^2} - 1 = 0$$

für das optimale Druckverhältnis

$$\boxed{\gamma_{opt} = \sqrt{\tau}}.$$

Mit $T_1 = 300K$ und $T_3 = 1800K$ ergibt sich z.B. $\tau = 6$ und damit $\gamma_{opt} = 2,45$. Daraus folgt schließlich $\pi_{opt} = 23$, ein Wert, der mit dem moderner Fluggasturbinen durchaus übereinstimmt. Für die maximal erzielbare spezifische Arbeit erhält man mit dem Wert für γ_{opt} schließlich

$$\frac{W_{t,max}}{c_p T_1} = (\sqrt{\tau} - 1)^2 = \left(\pi^{\frac{\kappa - 1}{\kappa}} - 1 \right)^2 \tag{35}$$

In Abb.104 sind der isentrope Wirkungsgrad η_s und die spezifische Arbeit $W_t/(c_p T_1)$ in Abhängigkeit des Druckverhältnisses π dargestellt. Man erkennt, daß die Kurven

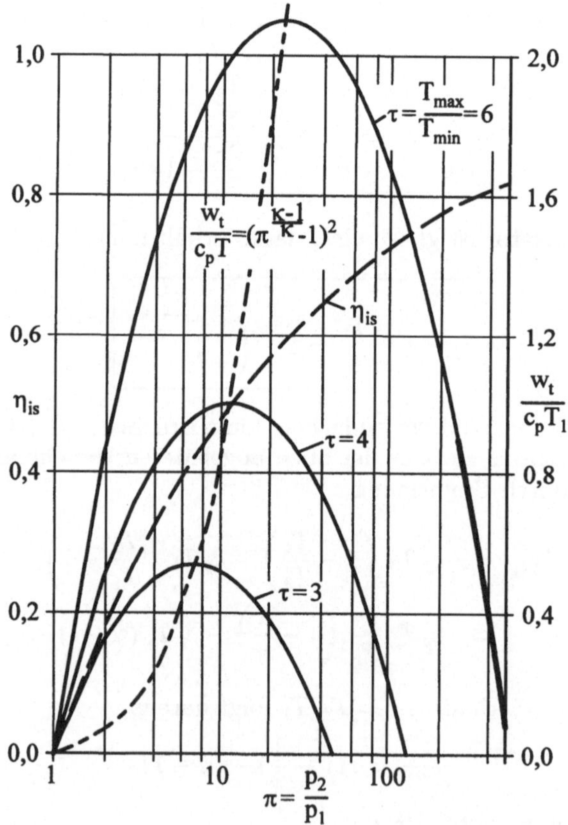

Abbildung 104: Isentroper Wirkungsgrad und spezifische Arbeit des einfachen Joule-Prozesses in Abhängigkeit des Druckverhältnisses π

für die spezifische Arbeit ein klar ausgeprägtes Maximum aufweisen.

9.1.2   Der regenerative Joule-Prozeß

Abb.105 zeigt das T,s-Diagramm des idealen regenerativen Joule-Prozesses.

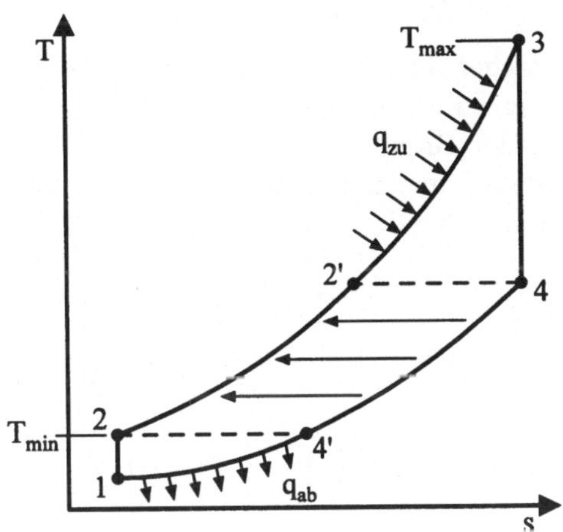

Abbildung 105: T,s-Diagramm des idealen regenerativen Joule-Prozesses

Analog zu oben erhält man für die zu- und abgeführten Wärmen

$$q_{zu} = c_p(T_3 - T_2)$$
$$q_{ab} = c_p(T_4 - T_1)$$

Bei idealer Wärmeübertragung, d.h. bei $\Delta T = 0$ im Wärmeübertrager, gilt

$$T_{2'} = T_4 \text{ und } T_{4'} = T_2 \;,$$

Für den isentropen Wirkungsgrad folgt damit

$$\eta_{s,R} = 1 - \frac{T_2 - T_1}{T_3 - T_4}$$
$$= 1 - \frac{T_1}{T_4}\frac{\dfrac{T_2}{T_1} - 1}{\dfrac{T_3}{T_4} - 1}$$

Der zweite Multiplikator auf der rechten Seite ist wieder eins. Mit $T_1/T_4 = T_2/T_3$ folgt weiter

$$\eta_{s,R} = 1 - \frac{T_2}{T_3} = 1 - \frac{T_1}{T_3}\frac{T_2}{T_1}$$

und daraus schließlich

$$\boxed{\eta_{s,R} = 1 - \frac{1}{\tau}\,(\pi)^{\frac{\kappa-1}{\kappa}}}\,. \tag{36}$$

Im Gegensatz zum einfachen Joule-Prozeß nimmt beim regenerativen Joule-Prozeß der isentrope Wirkungsgrad mit steigendem Druckverhältnis π ab!

Bezeichnet man die in der Brennkammer zugeführte Wärme mit Q_{BK}, die mittels des Wärmeübertragers intern übertragene Wärme mit Q_{WT} und führt das Wärmeverhältnis ξ entsprechend

$$\xi = \frac{Q_{WT}}{Q_{WT} + Q_{BK}}$$

ein, so folgt dafür nach einfacher Rechnung die Beziehung

$$\xi = \frac{\tau\left(\dfrac{1}{\pi}\right)^{2\frac{\kappa-1}{\kappa}} - 1}{\tau\left(\dfrac{1}{\pi}\right)^{\frac{\kappa-1}{\kappa}} - 1}$$

Daraus lassen sich zwei Grenzfälle ableiten: für $\xi = 0$ wird intern keine Wärme übertragen, und für $\xi = 1$ wird als Grenzfall der Wirkungsgrad des Carnot-Prozesses erreicht. Für $\xi = 0$ folgt

$$\left(\frac{1}{\tau}\right)_{\xi=0} = \left(\frac{1}{\pi}\right)^{2\frac{\kappa-1}{\kappa}}.$$

und damit $\eta_{s,R} \to \eta_s$ für $\xi = 0$.

Beim regenerativen Joule-Prozeß kann intern nur dann Wärme übertragen werden, wenn die Abgastemperatur T_4 größer als die Verdichtungsendtemperatur T_2 ist. In Abb.106 ist das Wärmeverhältnis ξ und der isentrope Wirkungsgrad η_s in Abhängigkeit des Druckverhältnisses π dargestellt. Für $\tau = 5$ und ξ im Bereich von $0,4 < \xi < 0,3$ liegen die optimalen Druckverhältnisse des regenerativen Joule-Prozesses im Bereich $5 < \pi < 10$. Dies ist der Grund, warum eine optimal ausgelegte einfache Gasturbine zur Reduzierung des spezifischen Verbrauches nicht nachträglich mit einem inneren Wärmeübertrager nachgerüstet werden kann.

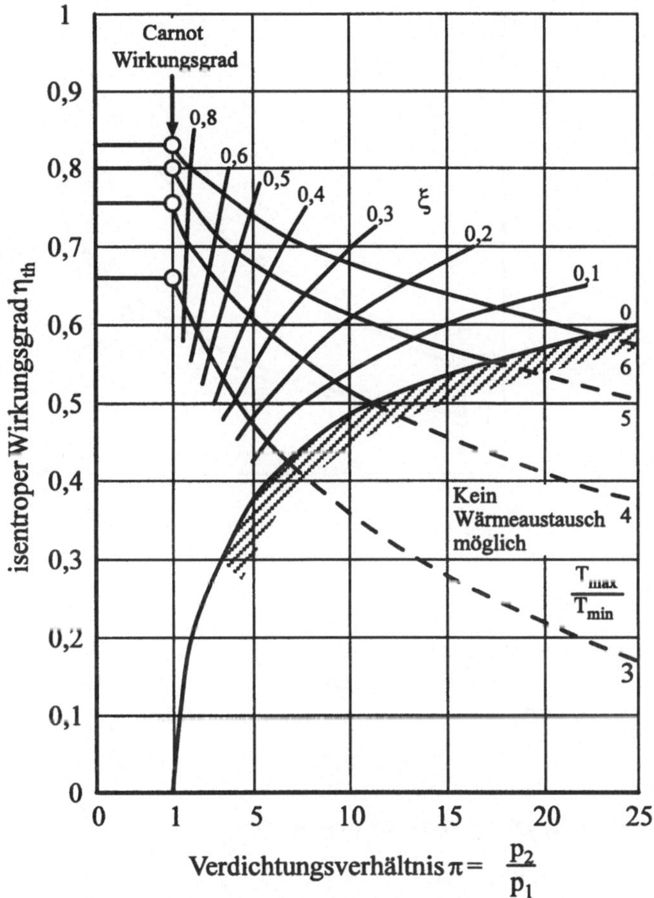

Abbildung 106: Isentroper Wirkungsgrad des regenerativen Joule-Prozesses

Die Leistung der regenerativen Gasturbine ist direkt vom Druckverhältnis abhängig. Druckverluste reduzieren damit stark die Leistung, wie die nachfolgende Überlegung an Hand des in Abb.107 dargestellten einfachen Joule-Prozesses mit Druckverlusten zeigt.

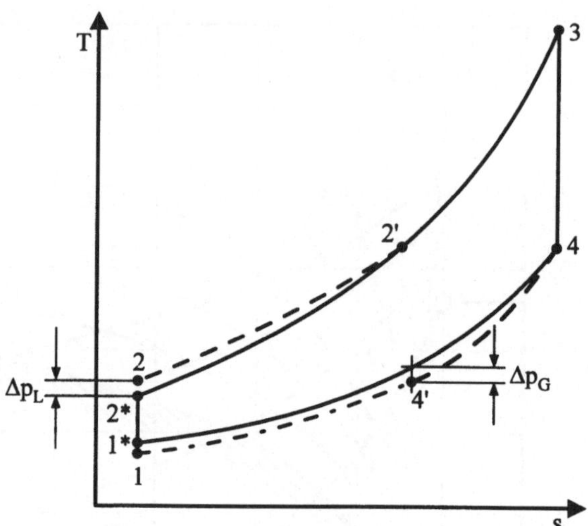

Abbildung 107: Regenerativer Joule-Prozeß mit Druckverlusten

Für das effektive Druckverhältnis erhält man

$$\pi_{eff} = \frac{p_2 - \Delta p_L}{p_1 - \Delta p_G} = \frac{p_2}{p_1} \frac{1 - \dfrac{\Delta p_L}{p_2}}{1 + \dfrac{\Delta p_G}{p_1}} \approx \pi \left(1 - \frac{\Delta p_L}{p_2}\right) \left(1 - \frac{\Delta p_G}{p_1}\right)$$

Und daraus wegen $\Delta p/p << 1$ näherungsweise

$$\pi_{eff} = \pi \left(1 - \sum \frac{\Delta p}{p}\right)$$

Die prozentualen Druckverluste reduzieren damit linear das effektive Druckverhältnis und die Leistung der Gasturbine.

9.1.3 Vergleich Hubkolbenmotor und Gasturbine

Abb.108 zeigt ein typisches p,v-Diagramm für einen Hubkolbenmotor und für eine Gasturbine. In der Abbildung sind darüber hinaus die wesentlichen Unterschiede angegeben.

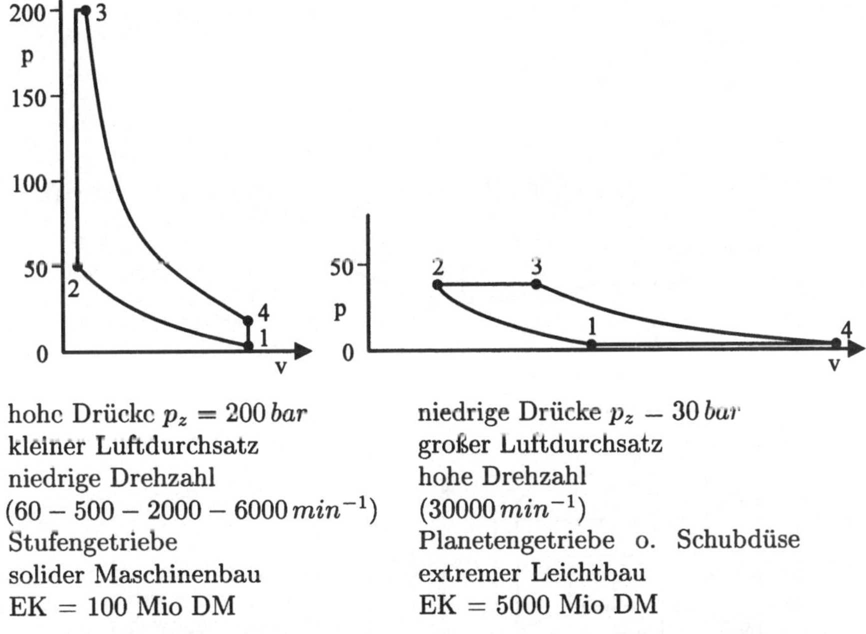

hohe Drücke $p_z = 200\,bar$
- kleiner Luftdurchsatz
- niedrige Drehzahl
  $(60 - 500 - 2000 - 6000\,min^{-1})$
- Stufengetriebe
- solider Maschinenbau
- EK = 100 Mio DM

niedrige Drücke $p_z - 30\,bar$
großer Luftdurchsatz
hohe Drehzahl
$(30000\,min^{-1})$
Planetengetriebe o. Schubdüse
extremer Leichtbau
EK = 5000 Mio DM

Abbildung 108: Vergleich Hubkolbenmotor und Gasturbine

9.2 Konstruktive Gestaltung

9.2.1 Funktionsschema

In Abb.109 sind die Funktionsschemata einer einfachen Gasturbine, eines Zwei-wellen-Flugtriebwerkes und einer regenerativen Gasturbine dargestellt. Die einfache Gastrubine wird als stationäre Gasturbine z.B. für Notstromaggregate oder als Antrieb einer Feuerwehrspritze und als Hubschraubertriebwerk eingesetzt. Das Zweiwellen-Triebwerk wird als Flugtriebwerk und in etwas abgewandelter Form als stationärer Antrieb für schnelle Schiffe und als Stromerzeugungsaggregat verwendet. Als Fahrzeugantrieb ist aus Gründen der Wirtschaftlichkeit nur die regenerative Gasturbine in der Diskussion.

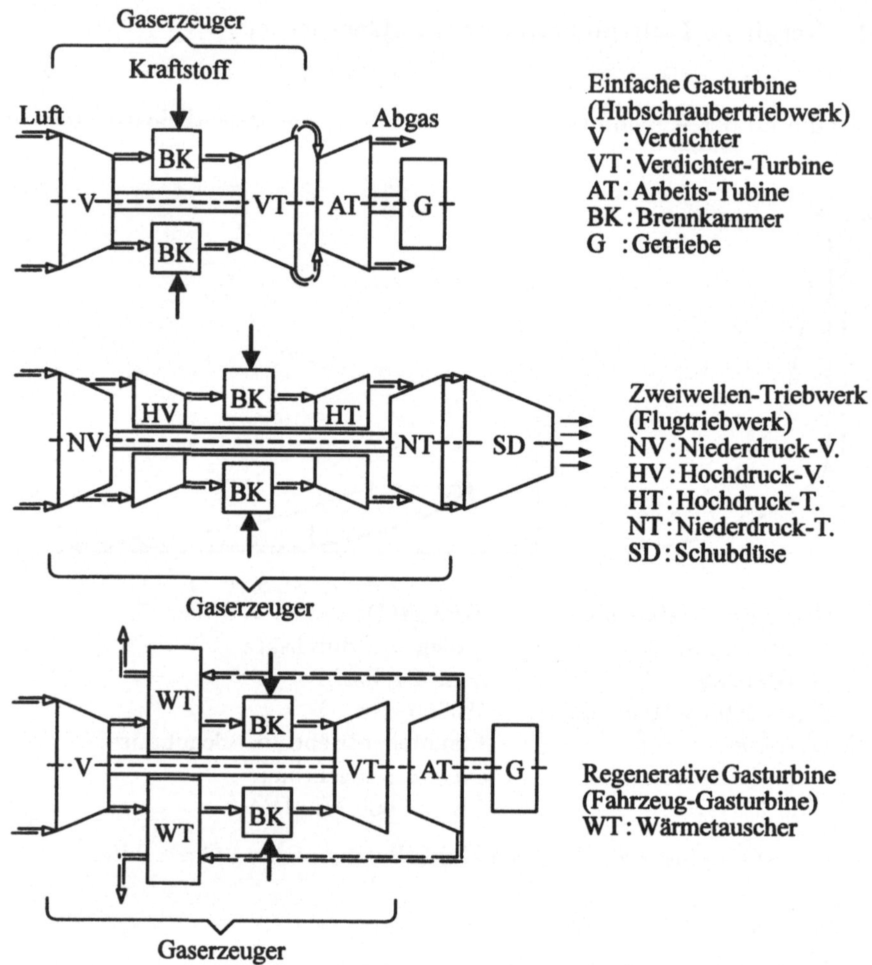

Abbildung 109: Funktionsschema verschiedener Gasturbinen

Wir führen nachfolgend die wesentlichen technischen Merkmale von Strahl- und Wellenleistungs-Triebwerken kurz auf:

- Strahl-Triebwerke

  - Regeneratives Konzept ist unwirtschaftlich

  - Kühlluftkühlung beim Zweikreis-Triebwerk durch Einsatz von direkter Kühlung mit Sekundärkreislauf möglich

  - Ölkühler und Brennstoffheizer

- Wellenleistungs-Triebwerke

    a) Hubschrauber-Triebwerke

        - Regeneratives Konzept

        - Kühlluftkühlung möglich, aber nur bedingt wirtschaftlich

        - Ölkühler und Brennstoffheizer

    b) Fahrzeug-Gasturbine

        - Regeneratives Konzept notwendig, damit konkurrenzfähig zum Hub-
          kolbenmotor

        - Rekuperatoren
          π bis etwa 10 *bar*
          $T_{4,max}$ bis etwa 1000 $°C$ Metallausführung, 1200 $°C$ Keramikaus-
          führung

        - Regeneratoren (Keramik)
          π bis etwa 5 *bar* (wegen Leckage)
          $T_{4,max}$ bis etwa 1000 $°C$ Metallausführung, 1200 $°C$ Keramikaus-
          führung

        - Kühlluftkühlung nicht notwendig

        - Ölkühler

9.2.2 Strahl-Triebwerke

Abb.110 zeigt ein modernes Flugtriebwerk. Die angesaugte Luft wird mittels eines mehrstufigen Niederdruck- und Hochdruckverdichters verdichtet. Das Heißglas
wird in einer Hoch- und Niederdruckturbine entspannt. Das anschließend austre-
tende Abgas liefert den Schub zum Antrieb des Flugzeuges.

Abbildung 110: Zweiwellen-Strahl-Tiebwerk

9.2.3 Wellenleistungs-Triebwerke

Wir wollen zum Abschluß noch kurz auf die Fahrzeug-Gasturbine eingehen. Nur
die regenerative Gasturbine hat eine spezifischen Brennstoffverbrauch, der für den
Fahrzeugantrieb konkurrenzfähig ist. Abb.111 zeigt qualitativ den Verlauf des spezifischen Brennstoffverbrauchs für eine einfache und regenerative Gasturbine.

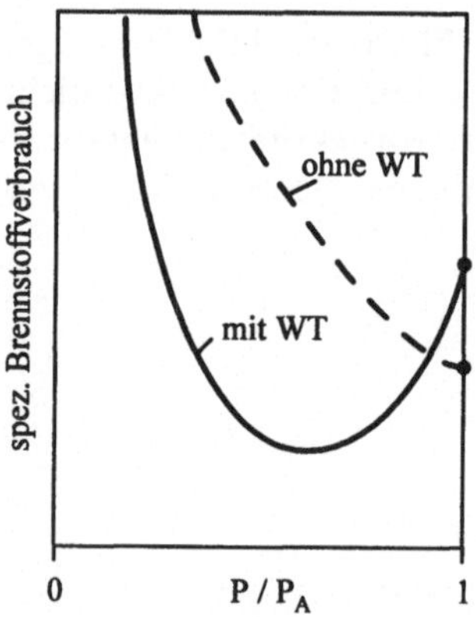

Abbildung 111: Spezifischer Brennstoffverbrauch der einfachen und regenerativen
Gasturbine

Das wesentliche Bauteil der regenerativen Gasturbine ist der Wärmeübertrager,
für den zwei verschiedene Bauarten, nämlich ein langsam rotierender Regenerator
und ein stationärer Rekuperator in Frage kommen. Die wesentlichen Eigenschaften
dieser beiden Wärmeübertrager sind:

Regenerator: $\pi \leq 6(!)$, $\beta = A_{WT}/V \leq 5000\,m^2/m^3$, $d_{hyd} \approx 1\,mm$ Keramik
bis $T_6 = 800°C$ erprobt

Rekuperator: $\pi \leq 12$, Rohrbündelapparat mit $d_{Rohr} = 6\,mm$ bis $T_6 = 700°C$
erprobt!
Material: Nimonic

In Abb.112 ist die Prinzipskizze einer regenerativen Fahrzeug-Gasturbine mit Regenerator dargestellt. Diese Fahrzeuggasturbine besteht im wesentlichen aus einem
Radialverdichter, der durch eine einstufige axiale Verdichterturbine angetrieben
wird, einer einstufigen axialen Nutzturbine, einem Ringbrenner, zwei rotierenden
keramischen Regeneratoren und einem Reduktionsgetriebe. Gasturbinenantriebe
für Personen- und Nutzfahrzeuge wurden von der Daimler-Benz AG und von Vol-
vo entwickelt. Diese Antriebe wurden auch in Versuchsfahrzeugen erprobt, zum
Serienanlauf ist es aber bisher nicht gekommen.

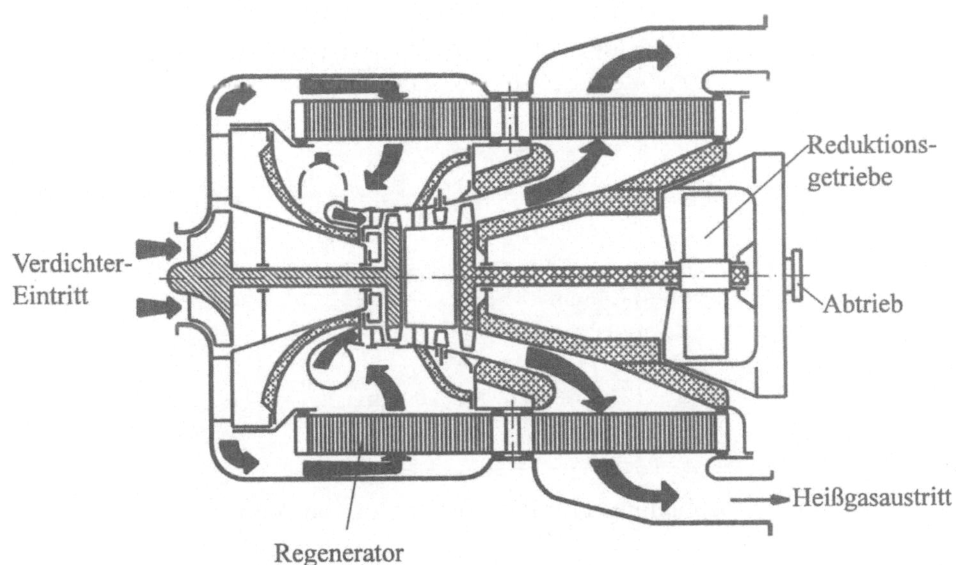

Abbildung 112: Fahrzeug-Gasturbine mit Regenerator

A Ausgeführte Motoren

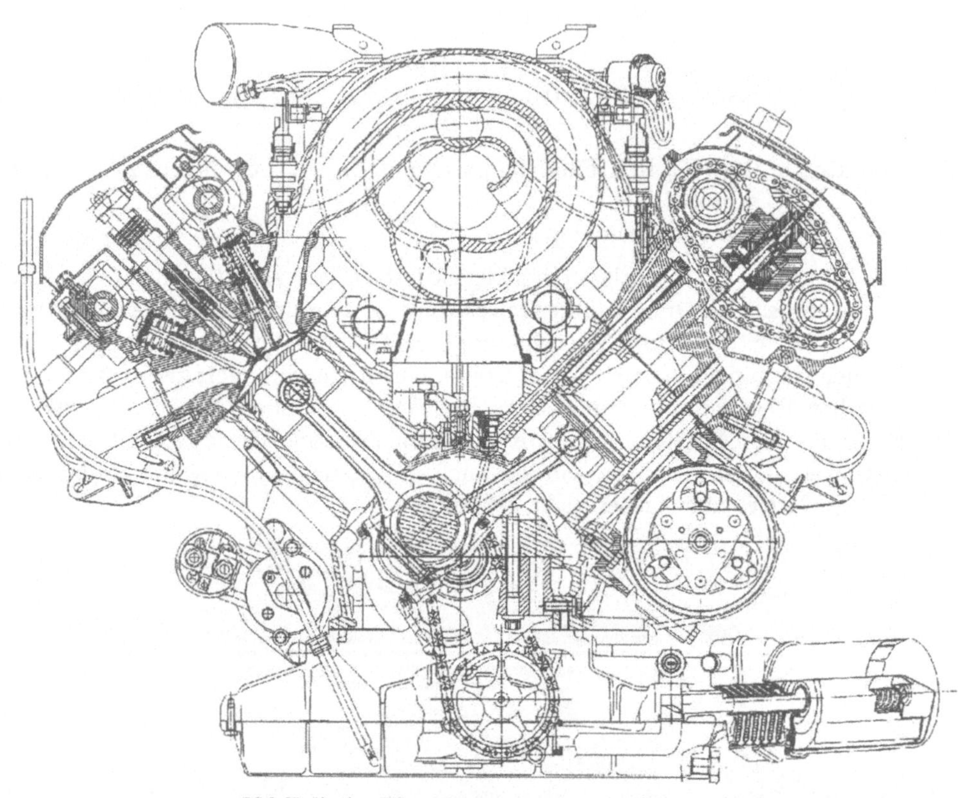

V6-Zylinder-Pkw-Ottomotor von AUDI
s/D = 77,4 mm / 81 mm
V_H = 2,393 l
ε = 10,5
P_{eff} = 121 kW bei n_n = 6000 min^{-1}
M_{max} = 230 Nm bei 3200 min^{-1}

Abbildung 113: Pkw-Ottomotor von Audi

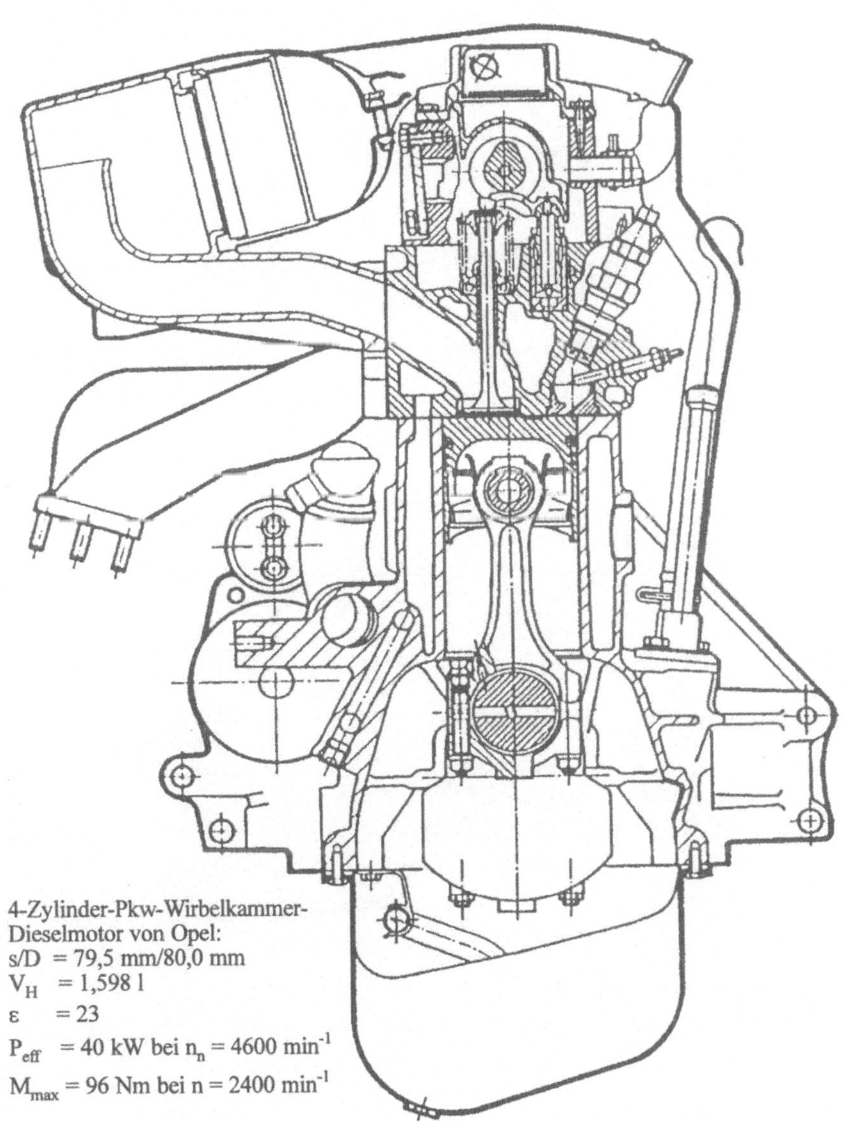

Abbildung 114: Pkw-Wirbelkammerdiesel von Opel

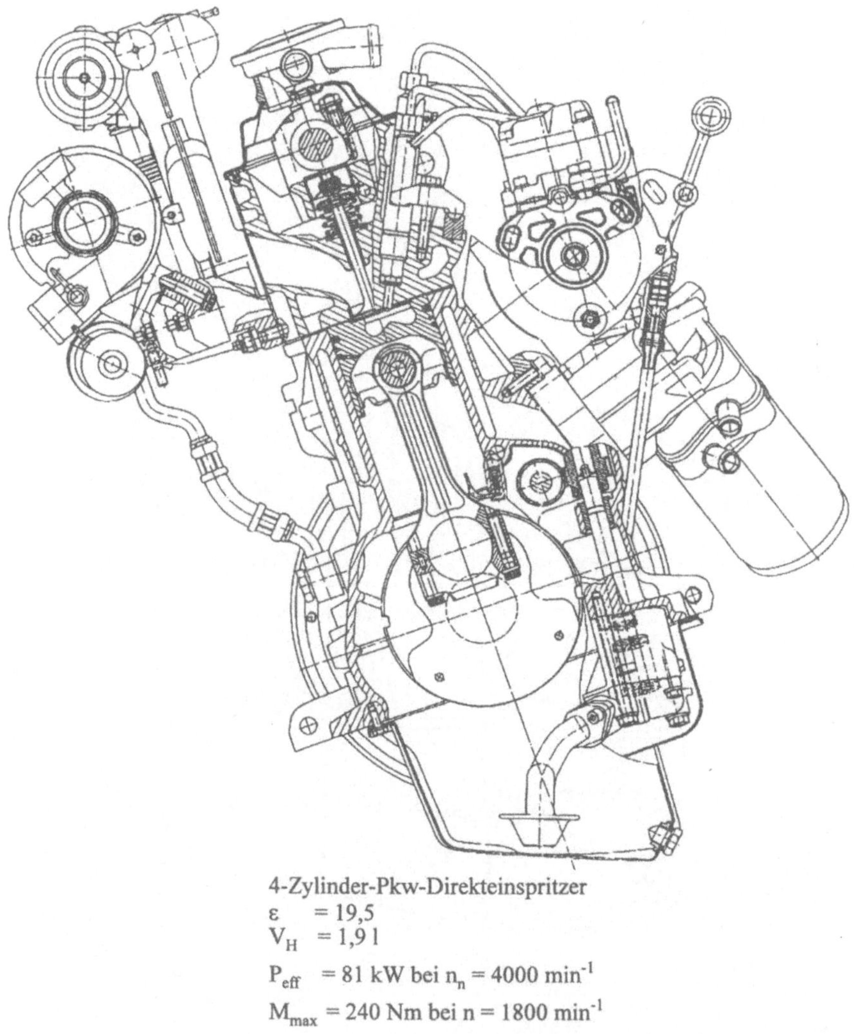

Abbildung 115: Pkw-Direkteinspritzer von VW

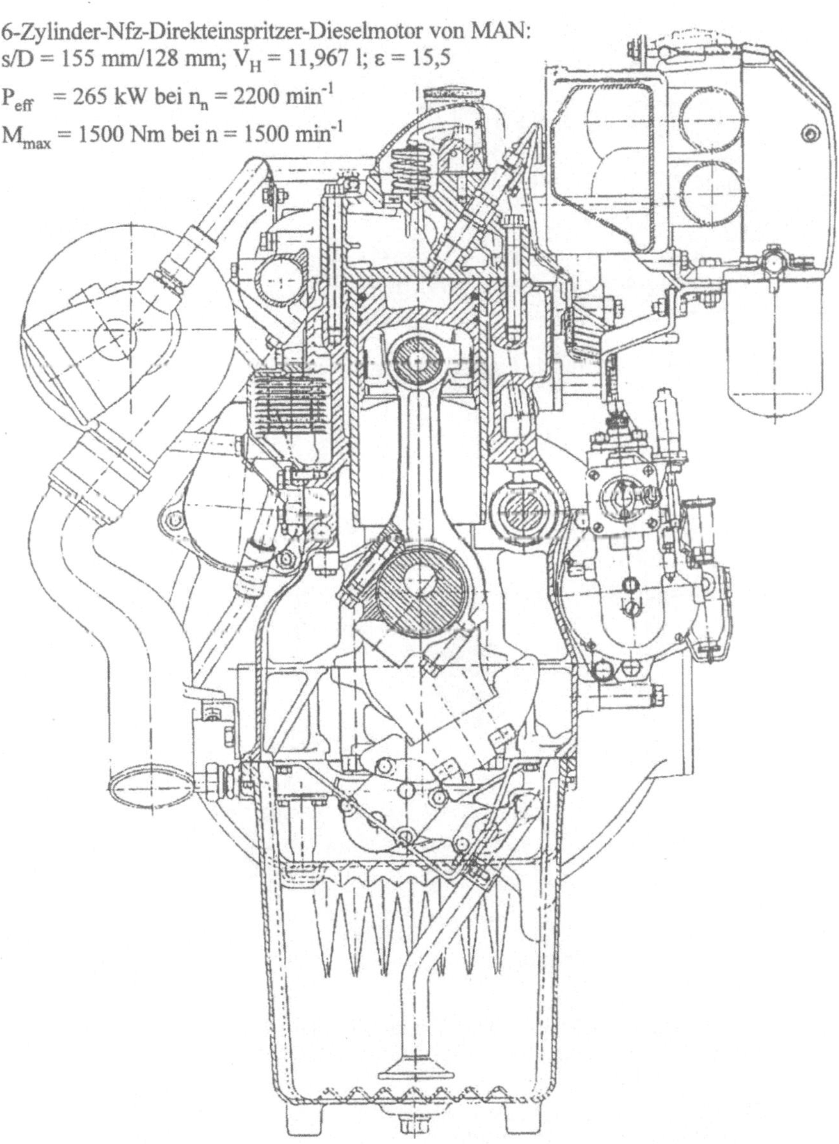

Abbildung 116: Nutzfahrzeug-Dieselmotor von MAN

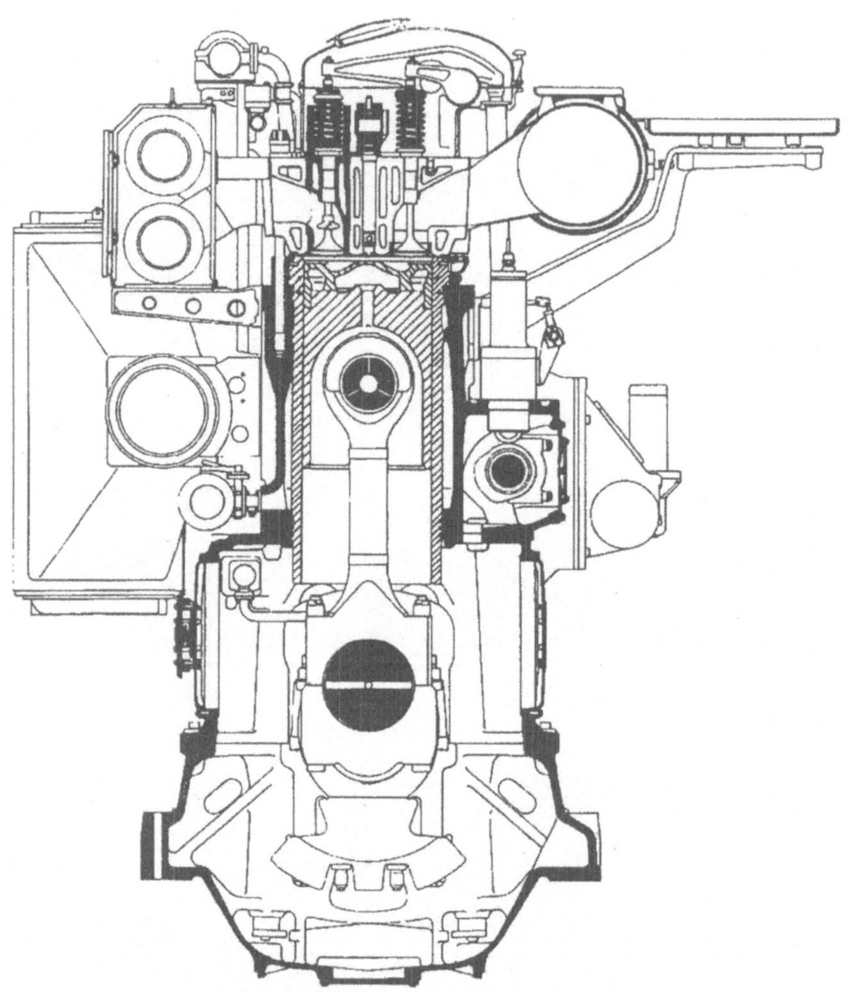

6 / 8 - Zylinder-Direkteinspritzer-Viertakt-Reihen-Dieselmotor von Mak,
Modell M 601 mit einstufiger Abgasturbo-Stauaufladung,
schweröltauglich

$s/D = 600$ mm/580 mm, $P_{eff} = 1250$ kW/Zyl. bei $n = 425$ min^{-1},
$p_{m,e} = 22{,}3$ bar, $b_{eff} = 180$ g/kWh

Abbildung 117: Mittelschnelläufer von MAK

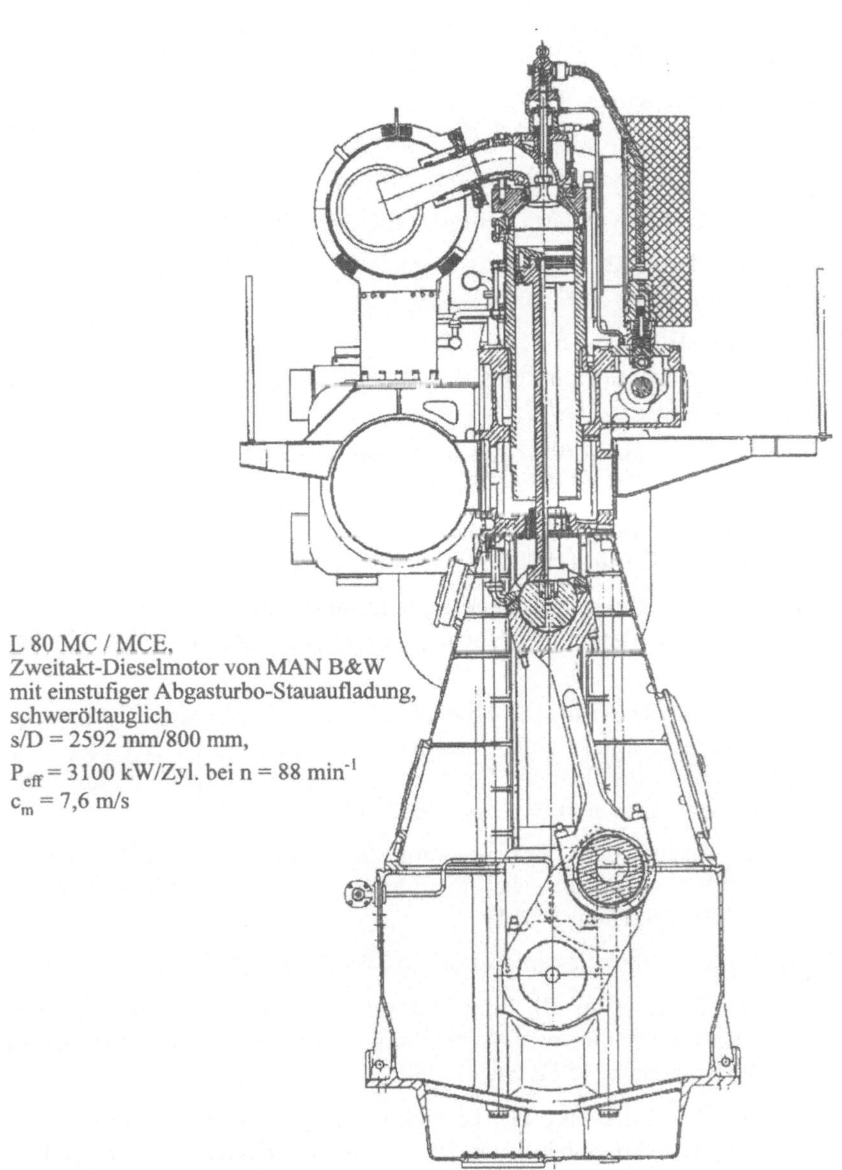

L 80 MC / MCE,
Zweitakt-Dieselmotor von MAN B&W
mit einstufiger Abgasturbo-Stauaufladung,
schweröltauglich
s/D = 2592 mm/800 mm,

P_{eff} = 3100 kW/Zyl. bei n = 88 min^{-1}
c_m = 7,6 m/s

Abbildung 118: Langsamläufer von MAN

Literatur

[1] **Maass, H.**, Gestaltung und Hauptabmessungen der Verbrennungskraftmaschine, Springer-Verlag, New York, (1979)

[2] **Hafner, K.E., Maas, H.**, Torsionsschwingungen in der Verbrennungskraftmaschine, Neue Folge, Band 3, Springer-Verlag, Wien, New York, (1995)

[3] **Urlaub, A.**, Verbrennungsmotoren, Springer-Verlag, Berlin, (1990)

[4] **Küttner, K.-H.**, Kolbenmaschinen, B.G. Teubner, Stuttgart, (1993)

[5] **Heywood, John B.**, Internal Combustion Engine Fundmentals, Mc Graw-Hill Book Co, ISBN 0-07-100499-8, (1989)

[6] **Pischinger, R., Kraßnig, G., Taucar, G., Sams, Th.**, Thermodynamik der Verbrennungskraftmaschine, Neue Folge, Band 5, Springer-Verlag, Wien, ISBN 3-211-82105-8, (1989)

[7] **Schmidt, Ch., Hohenberg, G., Bargende, M.**, Arbeitsspiel bezogenes Luftverhältnis, MTZ 57, 572-578, (1996)

[8] **Vibe R. R.**, Brennverlauf und Kreisprozeß von Verbrennungsmotoren VEB-Verlag Technik, Berlin (1970)

[9] **Schreiner, K.**, Untersuchungen zum Ersatzbrennverlauf und Wärmeübertragung bei schnellaufenden Hochleistungsdieselmotoren, MTZ 54, 554-563, (1993)

[10] **Schreiner, K.**, Der Polygon-Hyperbel-Ersatzbrennverlauf: Untersuchungen zur Kennfeldabhängigkeit der Parameter, 5. Tagung Der Arbeitsprozeß des Verbrennungsmotors, Institut für Verbrennungskraftmaschinen und Thermodynamik, Tech. Universität Graz, (1993, 1995)

[11] **Betz, A.**, Rechnerische Untersuchung des stationären und transienten Betriebsverhaltens ein- und zweistufig aufgeladener Viertakt-Dieselmotoren, Dissertation, TU-München, (1985)

[12] **Sitkei, G.**, Über den dieselmotorischen Zündverzug, MTZ 26, 190-194, (1963)

[13] **Woschni, G., Ansits, F.**, Eine Methode zur Vorausberechnung der Änderung des Brennverlaufes mittelschnellaufender Dieselmotoren bei geänderten Betriebsbedingungen, MTZ 34, 4, (1973)

[14] **Woschni, G., Zellbeck, H.**, Ermittlung des dynamischen Betriebsverhaltens von abgasturboaufgeladenen Dieselmotoren, Forschungsbericht der FVV e.V., Heft 304, (1982)

[15] **Woschni, G.**, Die Berechnung der Wandwärmeverluste und der thermischen Belastung der Bauteile von Dieselmotoren, MTZ 31, 491-499, (1970)

[16] **Huber, K.**, Der Wärmeübergang schnellaufender, direkteinspritzender Dieselmotoren, Diss., Technische Universität München, (1990)

[17] **Merker, G.P.**, Konvektive Wärmeübertragung, Springer-Verlag, Berlin Heidelberg, (1987)

[18] **Merker, G.P., Gerstle, M.**, Evaluation on Two Stroke Engines Scavenging Models, SAE Technical-Paper, 970358, (1997)

[19] **Zinner, K.**, Aufladung von Verbrennungsmotoren, Springer-Verlag, Berlin, (1985)

[20] **Jenni, E.**, Der BBC-Turbolader, Geschichte eines Schweizer Erfolges, ABB Turbo Systems AG, Baden, ISBN 3-7643-2719-7, (1993)

[21] **Merker, G.P.**, Simulation motorischer Prozesse, B.G. Teubner Stuttgart, in Vorbereitung, (1999)

[22] **Merker, G., Klotz, H.**, Entwicklungsstand hochaufgeladener schnellaufender 4-Takt-Dieselmotoren, in : Rautenberg, M., Aufladung von Verbrennungsmotoren, Friedr.Vieweg & Sohn, Verlagsgesellschaft mbH, Braunschweig (1990)

[23] **Eberle,** persönliche Mitteilung, (1992)

[24] **Sittauer, H.L.**, Nicolaus August Otto, Rudolf Diesel, BSB B.G. Teubner Verlagsgesellschaft, Dresden, (1990)

[25] **Kirchberg, P., Wächtler, E.**, Carl Benz, Gottlieb Daimler, Wilhelm Maybach, BSB B.G. Teubner Verlagsgesellschaft, Dresden, (1983)

[26] **Reuß, H.-J.**, Hundert Jahre Dieselmotor, Franckh-Kosmos-Verlags GmbH+Co, Stuttgart, (1993)

[27] **Cummins, Lyle**, Diesel's Engine, Vol.1: From Conception to 1918, Carnot Press, Wilsonville, Oregon, USA, (1993)

[28] **Hagen, H.**, Fluggasturbinen und ihre Leistungen, G. Braun, Karlsruhe, (1982)

[29] **Müller, R.**, Luftstrahltriebwerke, Vieweg-Verlag, (1997)

[30] **Stone, R.**, Internal Combustion Engines, SAE Order No. R.-129, ISBN 1-56091-390-8, (1992)

Stichwortverzeichnis